U0292976

都市农业发展策略研究

郝文艺　著

哈尔滨工程大学出版社
Harbin Engineering University Press

内 容 简 介

都市农业集农业生产、生活、生态和人文、休闲、美学等多种功能于一体,在生产供应新鲜优质农产品、保护生态环境和满足多元社会文化需求等方面有着十分重要的作用。本书依据农业经济学、产业经济学、市场营销学等理论,通过对都市农业情况的实地调研、对专家和业界人士的面对面访谈以及问卷调查等方式,了解都市农业的现状、探寻都市农业的发展策略。本书通过文献梳理、理论分析和建模求解,分析出影响都市农业发展的因素有四个方面,即供给侧因素、需求侧因素、政策因素以及其他社会因素。因此,发展都市农业,可以从建立健全都市农业发展政策体系、强化供给侧能力、加强市场培育与消费者引导、营造良好的都市农业发展氛围四个方面寻求发展对策。

本书适合关注"三农"问题的学者和研究人员阅读,也可供从事都市农业经营的业界人士参考。

图书在版编目(CIP)数据

都市农业发展策略研究/郝文艺著.—哈尔滨：
哈尔滨工程大学出版社,2021.7
ISBN 978-7-5661-3165-2

Ⅰ.①都… Ⅱ.①郝… Ⅲ.①都市农业-农业发展-研究 Ⅳ.①TP304.5

中国版本图书馆 CIP 数据核字(2021)第 136766 号

都市农业发展策略研究
DUSHI NONGYE FAZHAN CELÜE YANJIU

选题策划	刘凯元
责任编辑	张 彦 任鸿佳
封面设计	李海波

出版发行	哈尔滨工程大学出版社
社　　址	哈尔滨市南岗区南通大街 145 号
邮政编码	150001
发行电话	0451-82519328
传　　真	0451-82519699
经　　销	新华书店
印　　刷	北京中石油彩色印刷有限责任公司
开　　本	787 mm×960 mm 1/16
印　　张	8.5
字　　数	148 千字
版　　次	2021 年 7 月第 1 版
印　　次	2021 年 7 月第 1 次印刷
定　　价	38.00 元

http://www.hrbeupress.com
E-mail:heupress@hrbeu.edu.cn

前　言

我国是人口大国,也是农业大国。近年来,我国农业生产取得了巨大成绩,为世界粮食安全做出积极贡献。随着人民生活水平的不断提高以及对农产品需求的多样化越来越明显,现代农业已成为各地区农业发展的趋势。2021 年 3 月 5 日,李克强总理在政府工作报告中提出,把"构建现代农业产业体系、生产体系、经营体系"作为乡村振兴战略的主要措施之一。发展都市农业是协调城乡发展、拓展农业功能的重要途径,是提升农民收入、满足城市居民消费的迫切要求,在乡村振兴国家战略的背景下,都市农业迎来了新的发展机遇。

我国都市农业起步较晚,发展时间相对较短,人们对其的了解还不够深入,再加上其涉及的内容相对较多,发展程度较低,因此我国都市农业仍存在着很多不足之处。本书旨在梳理都市农业发展的优势和限制因素,发掘都市型现代农业的发展空间,在现有的都市型现代农业发展水平上,为集多功能为一体的都市型现代农业的进一步推广实践提供发展目标、发展思路及发展战略方面的建议,以期更好地服务于市民消费者,对促进城乡一体化进程、推动农业产业化及如何发展都市农业都提出了有针对性的建议,以推动都市农业的可持续发展。都市农业构成的经济、社会、文化、生态及空间系统,是保障全面、稳定提高城市可持续发展不可或缺的战略基石。剖析都市农业发展壮大的内在运行规律和机理,有利于优化农业生态建设和农业旅游休闲的发展,加强生态环境保护。都市农业的发展壮大、提档升级,不仅会推动农业供给侧改革,还会促进优质农产品的生产消费效率,提高市场流通绩效。本书研究成果可以为政府部门、都市农业企业、食品加工企业和市民消费者等提供参考。

本著作由黑龙江八一农垦大学郝文艺独立撰写完成,共分 9 章。第 1 章前言,主要介绍研究的背景、目的及意义,阐明本书的主要研究内容、研究方法和数据来源,并给出了技术路线。第 2 章研究回顾与文献综述,主要回顾了国内外学者对都市农业的内涵、都市农业发展的影响因素、都市农业发展的水平测度、都市农业发展面临的问题及都市农业发展的模式和实现路径等的研究现状及理论演进,全面梳理了本研究的理论基础。第 3 章都市农业的内涵与研究的理论基础,对都市农业的内涵、特征、功能和发展都市农业的意义进行了说明,介绍了农业的多功能理论、可持续发展理论、农业区位理论、农业生态系统理论和城乡一体化发展理论。第 4 章影响都市农业发展的因素,主要从已有研究文献出发,对现有研究进行系统梳理和整合,从理论角度上提炼出影响都市农业发展的因素,即供给侧因素、需求侧因素、政策因素和其他社会因素。第 5 章都市农业发展影响因素的指标体系与模型构建及求解,依据系统性、典型性、可量化、方便可行等原则,介绍了模型设计研究过程,从 4 个方面共 14 个可量化的指标构建了都市农业发展的整体指标体系,通过层次分析方法对模型求解,全面剖析都市农业发展的影响因素及影响权重。第 6 章我国都市农业发展现状及存在的问题,通过实际访谈和问卷调研,阐明了都市农业的发展现状和发展趋势,并从供给侧、需求侧、政府引导与监督管理、社会氛围等角度分析了当前都市农业存在的问题和不足。第 7 章都市农业的发展模式与实现路径,从生产性为主的模式、生态性为主的模式、生活性为主的模式和综合性模式,具体分析了都市农业发展模式和路径。第 8 章促进都市农业发展的对策建议,从建立健全都市农业发展政策、强化供给侧能力、加强市场培育与消费者引导和营造良好的都市农业发展氛围 4 个方面,提出了一系列切实可行的建议。第 9 章研究结论、研究局限与研究展望,对研究进行了回顾和总结,对未来可能的研究角度、方向和重大问题进行了探讨。

本研究得到了黑龙江八一农垦大学 2017 年度"校内培育课题资助计划"(XRW2017 - 01)、黑龙江八一农垦大学 2018 年度"三纵"科研支持计划(TDJH201811)和 2021 年度大庆市哲学社会科学规划研究项目(DSGB2021042)的支持。黑龙江八一农垦大学经济管理学院韩光鹤副教授、弓萍老师及黑龙江八一农垦大学新农村发展研究院杨学丽老师对本著作的写作框架、主体结构设计、章节的重要内容等提出了诸多建设性建议,赵波老师在研究方法上给予很多帮助和指导,在读本科生金泽瑞、祝殿昆、朱思洁、周慧、叶童、暴馨瞳、祝素春、李方圆、王思璇、李佳颖、张锦华和肖佳欣协助了访谈调查和数据录入工作,在此对他们的帮助深表感谢。

　　此外,著者参阅并借鉴了许多学界前辈的论著、论文和报告,在此一并表示敬意与感谢。部分数据源于网络,对原作者表示感谢。最后,衷心感谢哈尔滨工程大学刘凯元编辑及其同人们,他们为本书的顺利出版做了大量耐心细致地工作。

　　由于著者学识有限,研究时间仓促,难免有不足甚至不妥之处,恳请各位读者批评指正,以便纠正更新,勘误邮箱为 haowenyi2000@ tom. com。

郝文艺

2021 年 5 月于大庆

目 录

第1章 绪 论

1.1 研究的背景

我国是人口大国,也是农业大国。近年来,我国农业生产取得了巨大成绩,但是农产品质量不稳定、低质量农产品供应过剩问题一直没有得到良好解决。为更好地解决这些问题,必须要对农业供给侧进行调整,以便在稳定产量的同时,因地制宜、因时制宜,采用新的技术手段和农业生产组织形式,输出更高质量的农产品。在这样的背景下,都市农业迎来了发展契机。都市农业依赖中心城市,以城市的消费优势带动城市郊区、城中村,为城市提供优质农产品和农业服务,是新型现代农业发展模式。发展都市农业成为解决高品质农产品供给侧矛盾的有力手段。

2016 年 4 月,时任副总理汪洋在全国都市现代农业现场交流会上重点强调,要从战略和全局高度认识加快发展都市农业的重要性,要切实抓好都市农业建设工作,不断开创都市农业发展的新局面,要求我国农业、农村和农民要与新时代的新变化和新要求相适应,以满足人民对美好生活的追求。随着人民生活水平的提高以及农产品需求的多样化越来越明显,现代农业、科技农业、都市农业已成为我国农业发展的方向和趋势。2021 年 3 月 5 日,李克强总理在政府工作报告中提出,要坚定不移地全面实施乡村振兴战略,并把"构建现代农业产业体系、生产体系、经营体系"作为乡村振兴战略的主要措施之一。发展都市农业是协调城乡发展、拓展农业功能的重要途径,是提升农民收入、满足城市居民消费的迫切要求,在实施乡村振兴国家战略的背景下,都市农业迎来了新的发展机遇。实施乡村振兴战略、缩小城乡差距,最根本出路在于促进城乡要素的双向流动和产业融合,提高农产品市场活力。2021 年的政府工作报告明确提出,"十四五"期间要深入推进新型城镇化战略,常住人口城镇化率提高到 65%。在城市化进程加快的大背景下,正确认识、处理好城市与农业的关系,大力、高效地发展都市农业,是新时代对城乡协调发展的新要求。我国未来发展新型城镇化的重要战略任务,是使都市农业服务于城市居民并保护好农民利益,在我国农业供给侧结构性改革和农业现代化发展中扮演好先行者和引领者的角色,可以说城镇化过程中受影响最大的是处在城市化最前沿的都市农业。伴随着乡村振兴战略和精准扶贫战略的实施,都市农业被纳入产业扶贫的范畴,大力发展都市农业,成为农户脱贫增收、巩固精准扶贫成果、协调城乡共同发展的新出路。

1.2　研究的目的及意义

1.2.1　研究目的

我国都市农业起步较晚,发展时间相对较短,人们对其的了解还不够深入,再加上其涉及的内容相对较多,发展程度较低,因此我国都市农业仍存在着很多不足之处。本研究旨在梳理都市农业发展的优势和限制因素,发掘都市型现代农业的发展空间,在现有的都市型现代农业发展水平上,为集多功能于一体的都市型现代农业的进一步推广实践提供发展目标、发展思路及发展战略方面的建议,以期更好地服务于市民消费者,对如何促进城乡一体化进程、推动农业产业化以及如何发展都市农业提出了有针对性的建议,以推动都市农业的可持续发展。

1.2.2　研究意义

实现农村经济振兴、城乡协同发展,必须从农业供给侧和农产品需求侧共同推进,以促进实现都市农业转型升级,构建现代农业的经营体系。都市农业总量规模小,但其功能地位不能用一般产业或普通农业的标准来衡量,尤其是都市农业在供应新鲜优质农产品、保护生态环境和自然空间、满足多元社会文化需求等方面的意义和作用十分重要。都市农业构成的经济、社会、文化、生态及空间系统,是推动城市可持续发展不可或缺的战略基石。本研究在理论方面,剖析了都市农业发展壮大的内在运行规律和机理,可以丰富与拓展农业经济管理理论、产业经济理论;从供需双方的角度分析都市农业的参与意愿和都市农业实现路径,可以丰富消费行为理论。在实践方面,一是有利于优化农业产业结构,深入推进农产品生产加工、农业生态建设和农业休闲旅游的发展,促进资金、人才、科技等现代生产要素优化配置,带动农业产业结构调整;二是有利于加强生态环境保护,减少化肥、农药的使用,打造精致化的农业产业,加强水资源治理和生态景观城市建设;三是有利于都市农业的培育壮大、提档升级,不仅会推动农业供给侧改革,还会促进提高优质农产品的生产消费效率和市场流通绩效。本书研究成果可以针对性地为政府部门、都市农业企业、食品加工企业、流通企业、服务业和市民消费者等提供参考借鉴。

1.3 研究的主要内容与可能的创新之处

1.3.1 研究内容

本书共分为9章。第1章前言,主要介绍了研究的背景、目的及意义,阐明本书的主要研究内容、研究方法和数据来源,并给出了技术路线。第2章研究回顾与文献综述,主要回顾了国内外学者对都市农业的内涵、都市农业发展的影响因素、都市农业发展的水平测度、都市农业发展面临的问题及都市农业发展的模式和实现路径等的研究现状及理论演进,全面梳理了本研究的理论基础。第3章都市农业的内涵与研究的理论基础,对都市农业的内涵、特征、功能和发展都市农业的意义进行了说明,介绍了农业的多功能理论、可持续发展理论、农业区位理论、农业生态系统理论和城乡一体化发展理论。第4章影响都市农业发展的因素,主要从已有研究文献出发,对现有研究进行系统梳理和整合,从理论角度上提炼出影响都市农业发展的因素,即供给侧因素、需求侧因素、政策因素和其他社会因素。第5章都市农业发展影响因素的指标体系与模型构建及求解,依据系统性、典型性、可量化、方便可行等原则,介绍了模型设计研究过程,从4个方面共14个可量化的指标构建了都市农业发展的整体指标体系,通过层次分析方法对模型求解,全面剖析都市农业发展的影响因素及影响权重。第6章我国都市农业发展现状及存在的问题,通过实际访谈和问卷调研,阐明了都市农业的发展现状和发展趋势,并从供给侧、需求侧、政府引导与监督管理、社会氛围等角度分析了当前都市农业存在的问题和不足。第7章都市农业的发展模式与实现路径,从生产性为主的模式、生态性为主的模式、生活性为主的模式和综合性模式,具体分析了都市农业发展模式和路径。第8章促进都市农业发展的对策建议,从建立健全都市农业发展政策、强化供给侧能力、加强市场培育与消费者引导和营造良好的都市农业发展氛围四个方面,提出了一系列切实可行的建议。第9章研究结论、研究局限与研究展望,对研究进行了回顾和总结,对未来可能的研究角度、方向和重大问题进行了探讨。

1.3.2 研究重点

通过访谈、问卷调研、剖析典型案例等方式,调查都市农业的现状与特点,找到制约都市农业发展的主要因素,探寻都市农业发展机理,进而寻求消除都市农业发展障碍的途径,提出高效培育都市农业的实践方法。

(1)全面调查了解都市农业的现状与特点。通过田野调查、专家访谈、问卷调查、典型案例剖析等方式,了解都市农业的规模、发展水平、主要运作形式、发展中存在的主要问题与障碍等,从都市农业供给侧(农民)与需求侧(市民)分析双方的参与意愿,了解政府、行业协会、平台中介组织等推动都市农业发展的各关联方的运行情况,找到制约都市农业培育及发展壮大中的主要影响因素,全面把握都市农业发展水平、发展现状和趋势、发展特点以及当前亟待解决的问题。

(2)探寻都市农业驱动城乡融合发展的内在机理。都市农业不同于乡村农业、城郊农业,其依赖于邻近的城市,与城市系统相互作用,与城市的二、三产业融合发展,是现代农业和乡村振兴的重要组成部分。对于城市来说,利用有限的农业资源发展都市农业,不仅有优化生产提高经济效益的功能,还具备了生态和生活服务功能。因此,都市农业的功能渗透到社会、经济和生态等各方面。但是,都市农业发展壮大的内在机制是如何运行的?都市农业的驱动力有哪些?如何协调都市农业的各层级参与者的利益?这些问题的解答都需要基于对都市农业及城乡融合内涵的分析,并构建都市农业驱动城乡融合发展的内在机理。

(3)选择都市农业的发展模式与路径。乡村振兴是新时代的主题,都市农业的规模问题、效率问题、效益问题、参与意愿问题等都会影响都市农业的发展模式和具体的实现路径。发展都市农业的过程中,必须突破传统农业生产模式,改变以生活保障为主要目标的城郊农业模式,向多功能、多维度、复合型的现代都市农业模式转变。都市农业的优势在于承接城市要素向农村和农业转移,推进城市新技术、新业态与传统农业对接转换,依托城市的资源和市场需求,推动城乡协同发展。结合城市生活和现代都市消费的发展趋势,以品质优化、生态优先、科技引领、突出人文情怀为导向,构建采摘园、生态型有机果蔬农场、观光休闲农业园、文化教育科普农业园等具有多重功能和地方区域特色的都市农业发展模式。近几年来,传统的生产性、生活性和生态性都市农业已经不鲜见,随着网络和物流的发展,新型的都市农业可能突破地域限制而形成基于互联网的"社区支持农业"(community supported agriculture,简称 CSA),消费者与生产者是 CSA 两端的重要参与主体,CSA 参与者还可能有中介、政府、第三方平台、金融行业、物流行业等。都市农业的表现形式多种多样,都市农业的发展具体采用哪种发展模式、选取何种发展路径,是本书研究的主要内容之一。

(4)设计都市农业产业体系和具体的实现路径。在乡村振兴战略背景下,培育并发展壮大都市农业是协调城乡共同发展的有效方式。传统农业产业面临产业链不全、创新力不足、人才吸引力不强、融资较难等问题,都市农业的发展必须注重产业规划和产业体系设计。从都市农业的发展经验来看,要实现都市农业的可持续发展,充分发挥其多功能性,都市农业产业体系的设计至关重要。政府有必要将都市农业纳入城市发展规划中,并依据城市融合发展的要求,对城市中心区域、近远郊区域的发展模式进行合理地布局。如何培育、发展壮大都市农业,如何设计切实可行的实现路径,是本书研究的重点之一。

1.3.3　可能的创新之处

都市农业的发展水平是由多种因素共同决定的,已有研究成果大多是从生产者、政府管理部门或者消费者的单一角度出发展开的,本书力求从多角度交叉的视角构建影响都市农业发展的理论模型,丰富并拓展产业发展理论,在研究角度上有所创新。同时,本书通过层次分析法建立都市农业发展影响因素的指标体系,对都市农业发展的影响因素进行分析并建模、求解,探究都市农业发展的动力机制,在研究方法上有所突破。在实践指导上,结合实际有针对性地寻求都市农业产业化提档升级的策略方法,为政府部门、生产者提供决策参考,为市民消费者提供建议。

1.4 研究思路与研究方法

1.4.1 研究思路

本书通过对都市农业情况的实地调研、面对面访谈和问卷调查等方式,以农业经济学、产业经济学、市场营销学等理论,探寻有针对性的发展策略。由于各个国家城市化进程和农业发展的背景、阶段、方式方法各不相同,都市农业发展的理念认识不一,都市农业的特征、发展的影响因素、运行机理、运作模式等差别较大,因此必须通过对既有文献的整理、总结,建立适合中国国情的都市农业发展影响因素研究模型,通过对理论模型的分析,探寻各因素的影响强度,并结合访谈和数据的分析,找到制约都市农业发展的主要障碍,进而有针对性地寻求解决问题的方法和策略,提升都市农业的培育和发展水平。

1.4.2 研究方法

科学的研究方法能够保证研究结论的可靠性。本书主要应用 4 种研究方法:一是访谈法,通过与都市农业研究专家、都市农业企业家和经营者等受访人面对面地交谈,来了解都市农业目前的发展情况、存在的问题等;二是问卷调查法,对需求侧(市民消费者)进行问卷调查,了解都市消费者对都市农业的认知、参与意愿和行为倾向,分析当前都市农业发展面临的问题;三是描述性统计分析法,通过对调查回收的问卷数据等资料进行描述性分析和统计研究,总结出数据内在规律,找出都市农业提档升级发展的主要影响因素和内在运行机理,建构高效培育壮大都市农业的针对性发展模式和发展路径,并进一步优化设计都市农业产业体系;四是层次分析法,通过理论推导构建研究模型,并通过专家判断打分矩阵进行求解,分析都市农业发展的影响因素及各因素的影响权重,进而有针对性地提出对策建议。

(1)访谈法。本研究开展过程中,研究者通过和受访人面对面地交谈,来了解受访人的实际情况、行为和意愿。研究者对 13 家都市农业企业(采摘园、农家乐、现代农业观光园)开展了都市农业供给侧情况结构性访谈调研,平均访谈时长63分钟。访谈提纲主要包含4个方面的内容,一是被访谈者的基本情况,如投资额、员工数、种植品类、面积、产量、生产特点等情况;需要的资金、场地、设备设施、人员及其他投入情况;近3年销售额与收益情况;所经营的都市农业的特点(季节性、定位人群、客户和消费者情况等)。二是对都市农业的看法、感受和实际运营情况,比如如何看待都市农业、如何推广项目;在都市农业市场推广(销售)遇到了哪些问题以及解决的措施等。三是了解当前都市农业的问题和限制因素,如询问当前都市农业遇到的最主要问题,如资金、技术、知识、人才、自然条件限制、市场竞争、消费者、运输、产品质量、政府采取的措施存在哪些不足等。四是询问被访谈者对都市农业的期待和对未来发展趋势的判断,如怎样吸引更多的市民消费者、都市农业发展的保障措施等。

(2)问卷调查法。针对市民消费者需求侧的调查目的,将调查问卷分为三大部分,共由25个问题组成。第一部分主要是市民消费者的个人信息;第二部分是市民消费者参与都市农业活动的情况,包括参与都市农业活动的次数、在景区等都市农业活动场所停留的时间、感知到的问题和消费满意度等;第三部分中包含了8个5分李克特量表(Likert scale),主要调查消费者对都市农业的态度、未来期望等。研究者于2021年5月9日至5月13日,通过网络发放问卷的方式(问卷网址https://www.wjx.cn/jq/116791524.aspx)组织了线上的调研,共回收有效问卷364份,有效率为100%,问卷平均填答时间为292秒。为了控制线上调查数据的质量,研究者进行了一些限制,如每个手机或电脑只能填写一次等,使本次调研的数据更加真实可靠。

(3)描述性统计分析法。通过对调研回收问卷等资料进行描述性分析,总结了数据的内在规律,对都市农业发展的制约因素等进行了探讨。

(4)层次分析法。将都市农业发展问题作为1个系统,将影响总目标的因素分解为4个二级指标,进而分解为14个三级指标,通过将定性指标转化为量化指标的方法,计算出层次单排序(权数)和总排序,进而解决整体决策目标问题。

1.5 技术路线

本研究的技术路线图如图 1-1 所示。

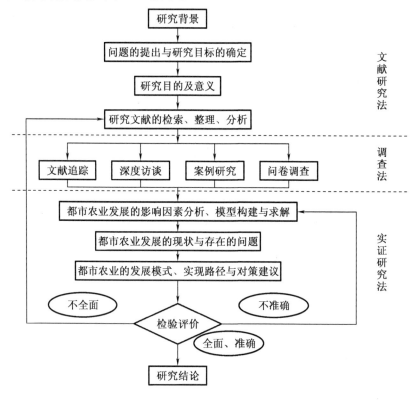

图 1-1 技术路线图

第2章　研究回顾与文献综述

2.1　都市农业的界定与起源

都市农业指的是位于城市内部和城市周边地区的农业,是一种包含生产(或养殖)、加工、运输、消费及为城市提供农产品和服务在内的完整经济过程,涉及种养加、产供销等各个环节,它作为城市经济和城市生态系统的组成部分,依托并服务于都市,将农业生产的生产性、生活性和生态性融于一体(崔莹 等,2017)。

关于都市农业的起源,学者们尚未达成共识。有学者认为,都市农业起源可以追溯到英国著名社会活动家霍华德于1898年提出的"田园城市"概念(苏艳新,2013)。日本学者青鹿四郎(1935)率先对都市农业的研究有了突破,并给出了都市农业的定义,他认为都市农业存在于城市中的商业区、工业区、居住区等城市区域之间,或者是围绕着这部分区域所开展的先进的、特殊的农业(陈芮宇,2019)。也有学者认为都市农业的概念最初是由美国经济学家在20世纪50年代提出的"都市农业生产区域"或者"都市农业生产方式",是在城市化发展到一定进程后作为都市农业生产的概括性表述(毛联瑞,2020)。

也有学者认为,直至1977年美国农业经济学家艾伦·尼斯撰写的《日本农业模式》一文,才正式提出了现代意义上的"都市农业"概念(刘德娟等,2015)。联合国粮食及农业组织(Food and Agriculture Organization of the United Nations, FAO)将都市农业定义为位于城市范围内或靠近城市地区,以为城市消费者提供优质、安全农产品和优美生态环境为主旨的区域性、局部性农业生产(孙艺冰等,2014)。联合国开发计划署则将都市农业定义为以服务城市消费者为主要目标而进行的农业生产、加工、运输、消费等经济全过程。目前,学界一般认为,都市农业是以城市周边地区为主,利用农业资源和农业景观,以现代农业技术为支撑,以绿色化、园区化、标准化为主要标志,通过发展农业多种经营、优化生态环境为目标,三大产业融合发展,集农业生产、生活、生态和人文等多种功能于一体的高效率农业形态(唐娅娇,2019;李克强等,2021)。都市农业与以生产型为主的单一生产型的传统农业和郊区农业不同,它不仅有为城市供给农产品的功能,而且还发挥着改善城市环境,为市民提供休闲、娱乐、教育等多项服务的作用。都市农业在城市可持续发展中扮演着重要角色,都市农业支持城市的经济、社会和环境的可持续发展,其社会和环境生态功能不容忽视(Azunre,2019)。因此,都市农业并非单纯追求经济增长的数字,更强调人与自然的共同福祉、人的身心协调以及人与自然的和谐统一(刘玉博,2020)。

都市型农业是以满足现代城市生活的多种需求为主要目标,其主要特征与城郊型农业有显著的不同。一是生成背景不同,相对于城郊型农业,都市型农业生成于市场经济和都市现代化发展较好的环境下,两者生成的经济发展阶段和条件是有显著区别的。二是生长起点不同,城郊型农业的起点是传统农区农业,而都市型农业的起点是城郊型农业,由此可见,城郊型农业是都市型农业的基础。三是生产区域不同,城郊型农业的生产区域是城区以外的郊区农村,具有明显的城乡边界,而都市型农业的生产区域是在城市之中,例如花园式城市就是典型的都市型农业。四是产出形态不同,城郊型农业的主要产出品是食物形态,都市型农业的产出品不仅有食品,而且涵盖提供生态环保、文化教育、乡村旅游、历史遗迹等多种形态的公共产品。五是产业布局不同,城郊型农业的产业布局主要是根据城市消费人群的食品需求而确定;都市型农业则要考虑大都市的多种因素,选择合适的农业产业布局。六是产业结构不同,都市型农业的产业结构形式多于城郊型农业,更注重多种产业之间的融合,更关注都市消费需求的变化,更注重将传统农产品转变为环保型日用消费品。七是融合程度不同,城郊型农业与城市需求的融合程度较低,而都市型农业与城市需求的融合度较高,都市型农业反映农业的多功能性,以满足现代都市居民和消费者的不同需求(翁鸣,2017)。

2.2 关于都市农业发展影响因素的研究

建设生态城市是人们的共同目标,低碳、节能、环保成为区域各项产业可持续发展的基本要求。都市农业作为高效、节能、高技术、可持续的新兴产业与生态城市建设相结合,是区域生态环境与社会经济协调发展的必然选择。维持城市的良好发展,需要采用循环经济的方式回收、再利用和再循环资源,都市农业作为城市领域一种新的生产方式和经济形态,将传统农业单一的生产模式转向多功能化发展,是生态文明背景下城乡融合发展的新趋势(Rosanne Wielemaker et al. ,2018;张永强等,2019)。

都市农业发展影响因素包括以下四个方面:一是自然资源因素,主要指自然条件的差异,如自然气候环境、地形和水资源,决定农产品的光、热、水等的差异,从而决定了区域特产品种的自然分布,并决定了都市农业结构。二是农业生产要素因素,包括劳动力、技术、资金、土地等,随着经济发展及科技进步,劳动力、技术、资金的影响差异逐渐减弱。三是农产品市场流通因素,布局邻接市场具有优势。四是宏观政策制度因素,影响都市农业的分配及监管手段和各种激励机制,如金融投资、城乡发展规划、都市农业发展规划等都会影响其空间格局(杨威等,2019)。

在构建都市农业发展影响因素评价体系时,学者常将农业资金投入特别是非生产类投资占农业总投资的比例作为十分重要的评价指标。都市农业作为城郊地区率先实现农业现代化的有效路径,具有资金需求量大、周转周期长等特征,因此社会资本等投资积极性不高,导致资金总量不足、贷款困难等问题。此外,都市农业具有较高的功能融合性,而传统农业金融产品供给方式单一、覆盖面小,致使都市农业发展的金融产品供需矛盾突出(朱利等,2021)。

都市农业空间布局的规划及演变受到以下四个方面的因素影响:一是城市空间拓展,二是经济社会转型,三是现代农业发展,四是生态休闲融合(金琰等,2017)。都市农业固定资本投入对总收入有正向的积极影响,农业基础设施是为保障社会经济活动正常运行、改善生存环境、实现资源共享和公共服务均等目的而建立的服务设施,是构成区域系统发展的最基础要素。但是发展都市现代农业已经不仅仅是传统农业的范畴,要加大对设施农业、智能农业的投入,加快建设智能温室、喷灌、肥水一体等设施,提高农业设施现代化程度。同时在郊区要加大现代农业投入,推进高标准农田建设,夯实现代农业发展基础(焦丽娟等,2018)。

完善的政策制度能够鼓励和促进社会资源合理流动及开发利用,加速经济社会发展。有效的机制创新可以减少经济运行成本,减少资源浪费,激励社会经济组织发挥最大的能动性,从而极大地提高社会劳动生产率,推动经济增长。要认真研究都市农业发展中政策机制的作用,从统筹城乡和区域可持续发展的高度来分析现有政策机制中存在的问题(商建维,2018)。

都市农业的发展离不开城镇化发展所提供的基础条件,都市农业发展所需的服务支撑来源于在城镇化建设中迅速发展的物流、科技、信息、金融、商贸等产业,城镇化也满足了都市农业对人才、资金、技术等方面的需求。在城镇化的发展进程中,随着市场体系的不断完善,都市农业参与市场竞争,形式变得多元化并拥有了更大的发展空间,带动了相关产业(如农副产品加工、农业教育、休闲旅游、信息服务等)的快速发展,强化了都市农业本身的功能,提高了市场化程度,满足了消费者的多重需求(唐娅娇,2019)。

土地制约问题一直是约束都市农业发展的首要问题。都市农业是一种集中生产体系,其要求将农业、畜牧业、水产养殖业、林业等尽可能地进行集中生产,成为一个相互作用的复合体系,实现对土地的集中利用。对都市农业土地的整理和开发必须要按照农业规模化经营及标准化管理的要求来进行,边角废弃的土地要进行必要的整治,零碎化的农田要进行合并整理,以适应都市农业的发展方式。还应建立、完善都市农业土地的动态监测机制和管理协调机制,及时准确了解、掌握都市农业的土地资源与土地利用的动态信息和调整情况,为土地资源的合理规划、精细管理、深度保护和高效利用提供可靠的数据,为政府制定都市农业建设和发展的决策提供有力依据(郝汉等,2020)。就目前来看,不少农村的生产区域分布零散,而且农户有着较强的自主意识,不愿意进行集中生产,从而增加了都市生态农业发展的难度(韩英,2018)。与此同时,基础设施落后,尤其是城市周边农村的道路、供水、电力、通信等配套基础设施、农村公共服务设施、垃圾无害化处理和污水达标排放设施落后,极大影响都市农业的发展速度(方晓红,2021)。

人才问题成为制约都市农业发展的又一个关键问题。从事农业生产的人力资源不足,农业从业人员不同程度存在年龄偏大、学历偏低、技能偏弱等问题,非农就业困难和劳动力短缺同时并存,农业生产经营尚未全方位进入信息化、网络化轨道,制约农业全要素生产力的发展,城乡发展差距依然较大(上海市农村经济学会

课题组 等,2017)。随着经济发展,越来越多劳动力从农村转向城市,离开农业领域。一方面原因是农业从业者流失,另一方面原因是农业院校培养的高素质毕业生不愿去农村,对农业生产的关注不足,不了解农业产业和农业生产。农业大学缺乏实践基地,实践基地的数量和质量难以满足教学、科研要求。学生在实践时不能深入农业一线,高素质的农业生产、经营人才严重匮乏。加之相关部门对农业从业人员没有战略性规划,对农业领域的专家、高素质的大学生、返乡下乡创业人员等人才队伍的扶持力度不高,严重影响都市农业的科技转化,实用人才的培训力度亟待加强(张霞,2020)。

都市农业的科技投入对都市农业发展的影响非常明显。现代都市农业的高质量发展离不开科技的支撑。都市农业的生产特点决定了其在科技创新以及技术交流、科技成果转化和示范传播方面有先天的优势,因此必须充分发挥都市农业的技术示范与辐射带动功能,将资源密集和劳动密集型的传统农业转变为资本密集和技术密集型的现代化农业,推动中国都市农业高科技产业的孵化和成长(刘玉博,2020)。

生产者激励不足,在一定程度上抑制了绿色优质农产品的供给。绿色优质农产品的生产需要投入优质要素,前期投入大,且产量往往较低,面临的市场风险也高,因此定价机制上应该是高价格、高收益,以反映产品价值并激励生产者。但是如果市场行情有波动,或者销路不畅,不能够通过更高的市场价格来反映其价值,那么对于生产优质农产品的从业者而言,会面临高投入、高风险、低收益的处境,风险与收益不匹配,显然是非均衡的博弈,其结果只能是被迫退出优质农产品的生产,转而生产大路货,以获取市场的平均收益(朱海波等,2017)。知名度、美誉度、竞争力及产品质量等因素影响农业企业的持续健康发展,是农业品牌"走出去"的必要条件(张翼翔 等,2019)。

2.3 关于都市农业发展水平测度的研究

近年来,都市农业在世界各国发展迅速。在德国,市民农园(都市农业)的总产值已占到全国农业总产值的1/3,都市农业每年创造旅游收入达80亿美元;美国都市农业以经济功能为主,目前都市农业园区占农业生产总面积的10%,农产品价值占美国农产品总价值的1/3以上;法国都市农业以中型家庭农场为主,扶持发展了各种农业协会组织,并通过立法向农民长期出租土地,提供一系列补助和减息贷款鼓励农民集体生产并促进规模化经营;坦桑尼亚超过67%的家庭从事都市农业活动;越南则有50%的鱼类、50%的家禽家畜、40%的蛋类以及超过80%的蔬菜类直接来源于都市农业(祁素萍,2015)。

研究都市农业的发展水平,就涉及评价标准、指标权重等因素的选取,如武汉市标准化研究院发布的"武汉农业"标准体系就分为三个层次,第一层为农业综合通用标准、农产品标准、农业保障标准、农业社会化服务标准等四个分体系,第二层为每个分体系下面按照不同的专业技术特性划分的若干个子体系,第三层为每个子体系下面根据专业技术特性或过程环节核心要素划分的若干个小类(陈芮婕等,2020)。都市农业具有食品生产功能、生态景观功能、生活文化功能、经济功能等,同时都市农业还具有为城市居民提供休闲娱乐、文化传承、教育体验等服务功能。几大主要功能同时并存,相互具有紧密的关联影响(朱鹏等,2020;薛艳杰,2020)。都市农业的发展水平,一般从经济功能、社会功能及生态功能3个层面来测度(林树坦,2018;周晓旭等,2020),并通过细化的指标计算都市农业发展水平综合指数,如有学者选取人均国内生产总值(GDP)、有效灌溉率、劳动生产率、土地生产率、农业产值占GDP比例、农业机械化率6项指标来反映都市农业经济发展水平;选取恩格尔系数、城镇化水平、城乡居民收入比、第三产业占GDP比例4项指标来反映都市农业社会发展水平;选取森林覆盖率、人均耕地面积、化肥施用率3项指标来反映都市农业生态发展水平。在这样的指标体系下,研究者将都市农业发展阶段划分为3个阶段,发展水平综合指数大于0.4小于等于0.8为都市农业发展起步阶段,发展水平综合指数大于0.6小于等于0.8为都市农业发展阶段,发展水平综合指数大于0.8小于等于1为都市农业发展成熟阶段(蒋和平等,2015;周晓旭等,2020)。也有学者从人口、经济、社会、资源和环境5个层面进行深度分析,从郊区人口密度、农业产值的贡献率、区域城镇化水平、都市农业投入与产出概况等19个细化指标对都市农业的发展水平进行测度和对比(邓黎,2018)。中国现代都市农业竞争力研究课题组对都市农业的影响因素进一步细化研究,提出的"中国现代都市农业竞争力综合指数"(2018版)共包括7项一级指标,涵盖19项二级指标、25项三级指标。其中一级指标包括农产品供给和质量安全指数、农业生态和可持续发展水平指数、三产融合能力指数、农村居民生活水平指数、物质技术装备水平指数、政府支持与农业保障水平指数(中国现代都市农业竞争力研究课题组等,2019)。

2.4 关于都市农业发展面临问题的研究

新的历史时期,都市农业发展不仅面临着农业资源环境约束加剧、农业科技创新能力不足、农业人才资源缺口较大等共性矛盾,而且还面临着亟待破解的新的五大挑战:一是土地集中度提高与农民利益保护矛盾加剧的挑战,亟须构建新的更充分有效的农民参与机制和利益分享机制。二是农业要素流出与农业投入需求逆向运行的挑战。必须在进一步强化农业投入的基础上,从根本上扭转农业要素的净流出格局。三是传统农业改造与农耕文明传承有机结合的挑战。必须破解传统农耕文明与现代农业科技的有效耦合问题。四是农业生产扩张与农业价值提升同步推进的挑战。必须完成从数量至上、规模扩张向数量质量同步提升的重大转变。五是农业产出增加与生态环境保护统筹兼顾的挑战。必须在增加农业产出、保障农产品有效供给的基础上更加突出农业的社会功能和生态功能(郭晓鸣,2020)。

都市农业发展面临的问题主要涉及以下几个方面:一是都市农业的生产资源投入问题。都市农业规模小、在空间上分散,多位于中心城市的近郊,因此环境污染及水资源耗用问题,是必须应对的挑战(Theresa et al.,2018)。近年来,政府的扶持和社会资本的进入,使得都市农业及其生产条件有了大幅改善,在很大程度上改变了都市农业的传统状况。但是都市农业城市群核心能力薄弱、农民利益没有得到有效保护、农产品质量安全水平不高的问题一直没有得到很好的解决(崔宁波等,2018)。有学者认为,限制都市农业发展的主要原因在供给侧参与意愿不高,农民主动融入都市农业生产的意识不强烈、动力不足,融入方式单一、与龙头企业和城市联系不够紧密,无法实现产品多重增值收益(董启锦,2019)。同时,受土地租金、技术支持以及气候环境等因素限制,都市农业生产经营规模小,集约化程度较低,农业生产随意性较大,专业化、组织化程度低(闫锦源等,2020)。

二是都市农业发展的人才问题。从欧洲的发达国家和美、日、韩的经验来看,分工分业是发展都市农业的重要举措,农业分工精细化、科学化和专业化,要求从业人员的专业化,推动农业快速发展继而形成规模优势,这促使职业农民这一称谓得以产生。随着我国经济发展,越来越多的农民离开农村进入第二、第三产业,农村青壮年劳动力严重流失,老人成为农业劳动人口的主力。我国农村人口老龄化问题日益严重,导致农业从业人员年龄结构失衡。发展都市农业与培育职业农民二者互为依托、相辅相成,而实现都市农业的规模化与可持续发展离不开大量具有较高学历与职业素养的职业农民,这对职业农民的整体素质和数量提出了更高要求。劳动力是农业发展中极为活跃的生产要素,全面提升都市农业的现代化水平,要求从人力资本方面挖掘内生动力,现代都市农业规模化发展离不开对职业农民的培育,而职业农民的专业化是都市农业长期发展的动力所在(许爱萍,2015)。都市农业的发展吸引了许多从业人员,他们想方设法提高都市农业的效益,催生了一部分"绿色中产阶级",但同时,由于土地使用政策的差异产生了不平等现象,遭到了一定程度的抵制,因此公平发展问题也是都市农业发展中必须解决的问题(Maurer,2020)。也有学者认为,人才问题是影响都市农业发展的主要原因。目前都市农业的发展规模小、管理水平低、投资主体单一,要真正做到从传统农业到新型都市农业的转变,需大量专业人才保障。都市农业的人力资源建设明显不足已经是各个城市的普遍现象,从数量方面,农业从业人员的总量规模在下降,本地年轻人不愿意如父辈那样在原来的土地上从事农业生产,也缺乏相应的农业操作技能。此外,外地务工人员的数量亦呈现下降趋势,家庭农场、合作社等规模性的农业经营主体均面临工人不足的问题。从结构方面,从业人员年龄结构趋于老龄化,劳动生产率下降的同时,也不利于对农业科技的推广。从质量方面,农业生产缺乏高端人才,而现代农业的高质量发展需要技术、营销、电商等各方面的创新,都离不开高端人才的专业性,从业人员人力资本不足的整体情况制约着农业经营主体的健康稳定发展(刘玉博,2020)。尤其是休闲型的都市农业,从业人员基本以当地居民为主,虽然农家热情好客,但作为经营主体,却缺乏相应的职业技能,无法提供满足客人的产品。而且,经营管理粗放,水平较低,无法适应市场需求(王珊,2020)。当前,作为人才摇篮和培养基地的高等院校和都市农业企业之间、都市农业企业与其他科研机构之间的合作不多,产学研衔接不够紧密,都市农业人才培养滞后,严重影响了都市农业的健康发展(陆开形等,2020)。

三是都市农业的发展规划问题。规划布局调整是影响都市农业发展的关键因素,即使大都市的消费升级具备了条件,城郊型农业也不会自动转变为都市型农业。只有将潜在的转型要求变为人们的认识和实践,才能完成城郊型农业向都市型农业的转型升级(翁鸣,2017)。都市农业发展缺乏科学规划、缺乏制度方面的顶层设计也严重制约了都市农业的发展,多数地区的都市农业与城市发展契合度不高,发展模式基本雷同,都市农业的创新能力较弱(方晓红,2021)。

四是资金投入少与融资难问题。农业发展资金很大程度上来源于政府部门的政策扶持,各类金融组织和市场主体缺乏向农业生产组织和个人投资的积极性,农村集体经营性建设用地使用权、农地经营权、农业生产设施所有权等产权抵押融资业务发展程度不高,在涉农经营领域存在融资成本高和融资途径少等突出问题(朱鹏等,2020)。

五是经营管理问题。现代都市农业、休闲农业、观光农业的发展尚处于起步阶段,形式上仅停留在简单的垂钓、采摘、餐饮等常规项目上;在项目包装和品牌运营上,意识较为淡薄,品牌形象推广宣传形式单一,没有形成强有力的品牌影响力,发展缺乏"软动力"(张翼翔等,2019)。

2.5 关于都市农业发展对策、模式与实现路径的研究

发展都市农业必须坚持因地制宜、坚持产业化经营、坚持资源整合、遵循农业经济规律、坚持分类推进(周克艳等,2018)。都市农业将城市的资本、人才、技术和农村的土地、劳动力、集体资产集聚并整合,具有生态、文化、社会和社会经济价值,既可以满足城市居民农产品需求,又可以改善农村生产生活环境(Panagopoulos et al.,2018;孟召娣等,2019)。发展都市农业的过程中,突破原来的向城市提供生活保障的城郊农业模式,向多功能复合型的现代都市农业模式发展。结合周边城市生活和现代都市消费的发展趋势,以生态优先、科技领军、人文情怀为导向,构建多元化多功能的具有中国特色的发展模式,如建设生态型农场、绿色食品基地、观光休闲农业园、文化教育农业园、加工创汇农业园等,提升区域整体服务水平和开发价值。在产业发展机制上,提炼农业蕴含的优秀文化元素,以文化为载体实现与各功能板块的链接,通过消费行为的注入及衍生,提供多元的消费形式。根据不同区域的特点,发展不同的特色农业,近郊以生态观光农业为主,周边地区以科技示范型都市农业或设施农业为主,较远的区域以大型农业、生态园区等为主(唐娅娇,2019)。资源要素流动形成的城乡融合,以提高都市农业生态效率、精准定量地利用农业要素资源为主要特征,强调以高质量产品直接对接消费者,积极探索都市农业发展模式,推动农民持续增收(尧珏等,2020)。

对都市农业发展的对策、模式与实现路径主要总结为以下5个方面:一是完善管理机制。各级政府在制定产业政策时,需要根据都市的区位特征、资源条件、经济状况等基本情况,提出明确的都市农业产业布局和发展规划,并结合地区实际,

以法律法规等形式确立落实(谯薇等,2017)。地方政府要加强领导、加大政策扶持力度,提升服务能力,落实监管机制,需充分发挥主导作用,最大限度地整合优化区域内可利用资源,制定都市农业发展的优势政策,鼓励企业在该领域投资建设(吴晓燕等,2020)。地方政府需对农业发展资源进行科学配置,充分调动各方力量,优化都市农业发展体系,同时积极营建良好的营商环境,打造集生产、营销、售后为一体的产业运行系统,各地方需结合自身实际经济发展现状和农业发展特征等方面,对其发展模式、运行手段进行创新化构想和完善。地方政府尤其需在人才资源方面进行积极整合,以地方院校为中心,定向培养专业人才,将人才资源、农业设施设备等进行科学融合,形成强有力的协同发展机制,促进现代都市农业的快速、健康发展(毛联瑞,2020)。

二是强调规划设计。在都市农业的设计规划当中,首要的就是农业必须与都市相协调,既要符合城市设计的紧凑性,又能将自然种植展现得淋漓尽致。每个区域都有它独特的地理优势及其设计特点,在都市农业的设计理念上,将健康的生活环境、悠闲恬适的生活理念等比较具象的概念与都市设计的意义相融合(史晓倩等,2017)。发展都市农业,必须关注产业结构、功能、空间、资源以及模式等方面,产业结构设计要合理,不仅关注农业的形态,还要关注顶层设计的科学性;功能定位要明确,不同地区农业发展规划要结合行业发展要求、政府规划、农业资源禀赋等要素;空间设计合理化,注重土地规划设计合理性(曹正伟,2019)。

三是提高都市农业规模化和组织化水平。提升都市农业的效益,必须要优化都市农业生产要素配置,使农地经营规模适度,扩大发展视野,从农业与食品全产业链方面入手,在农业生产方面提质增效降成本,在食品链方面适应延伸增加价值,适应市场需求、延伸产业,从而创造更多的附加价值(王常伟等,2017)。优化都市农业结构,可以通过做优、做精都市农业项目来满足不同层次的消费群体,以"农业+科普"、农业文化传承、休闲旅游等为主题,建成三产融合发展、主题特色鲜明的新型都市农业园,鼓励市民到周边都市农业观光园、民俗旅游点体验农耕文化(皮婧文等,2020)。积极培育和发展现代农业园区与经营主体,推动都市农业企业集群化发展。抓好农民专业合作社和示范社建设,支持合作社发展农产品加工流通和直供直销,切实发挥好示范社的规范化引领作用。鼓励家庭农场实现规模化、标准化、专业化和生态化生产。大力培育生产经营型、专业技能型、社会服务型和引领带动型新型职业农民,建立专业技术人员与新型职业农民结对帮扶制度,组织农业科技人员开展对新型职业农民的技术指导(佟宇竞,2020)。

四是加强人才培养。人才是事业发展的基础,乡村振兴战略的有效实施,必须有高素质的人才做保障。都市农业的发展急需一批"爱农业、懂技术、善经营、会管理"的专业人才为支撑(宋备舟等,2019)。

五是重视互联网的作用。在互联网高速发展的今天,都市农业的发展要紧紧抓住"互联网+"的难得机遇,通过采用"互联网+认养农业"等方式,在生产者和消费者之间建立风险共担、收益共享的生产方式,可以有效实现农村对城市、土地对餐桌的直接对接;通过让市民亲自参与到田间地头的农业生产,以采摘、观光等多种方式,减少中间环节,探索完善的体验式营销模式(崔莹等,2017)。以网络平台建设为重点,加强乡村旅游、休闲农业、民宿经济、农耕文化体验、健康养老等新业态的培育,推动城乡要素跨界配置和产业有机融合,塑造城乡产业协同发展的都市农业新模式(宋艺等,2020)。

2.6 本章小结

国内外学者对都市农业的研究取得了丰硕的研究成果。从国内外实践来看,目前对都市型现代农业的研究主要集中在两个方面,一方面是对都市农业中新的生产方式与生产技术的开发应用进行研究;另一方面是对大城市市区间隙及城市近郊和周边地带兼有多种功能的服务型都市农业的研究。但是,由于各个国家城市化和农业发展的背景、阶段、方式方法各不相同,对都市农业发展的理念认识不一,对都市农业的特征、发展的影响因素、运行机理、运作模式等,大多是基于理论层面的讨论,针对具体对象的深度应用性研究很少,尤其是对都市农业发展的影响因素的指标体系没有达成共识。都市农业虽然总量规模小,但都市农业运行系统复杂,其功能可以拓展至多个维度及领域,因此都市农业的研究应该从生产、生态、生活、社会、文化需求等整体供求环境出发,讨论生产者、消费者、政府部门、中介平台、市场运行机制等多维协同互动关系,同时还必须关注互联网对都市农业的重要影响。找到影响都市农业发展的各要素的影响方向和强度,构建理论模型,有针对性地实施策略,才能提升都市农业的培育和发展水平,这为本研究留下了足够的理论和实践研究空间。

第3章 都市农业的内涵与研究的理论基础

3.1 都市农业的概念

目前,都市农业的概念大多停留在形态功能描述阶段(商建维,2018),且学者尚存争议。如侯倩(2015)认为,都市农业是指坐落于城市中的小块区域及城郊地带,植根于城市、服务于城市居民需求,利用城市发展优势,同时投入大量资金,采用先进科学技术,紧紧围绕城市经济社会发展形态和城市居民消费需求,结合城市功能定位和城市特色,形成和发展的生产、生活、娱乐、消费、休闲、文化建设各项指标的聚集,也是农业产业化的延伸。程淑芬(2017)认为都市农业是指依托于大都市、服务于大都市,遵从大都市发展战略,以与城市统筹和谐发展为目标,以城市需求为导向,以现代科技为特征,具有生产、生态、生活等多功能性,知识、技术、资本密集性等特点的现代集约型可持续的农业。崔莹等(2017)认为都市农业指的是位于城市内部和城市周边地区的农业,是一种包含生产(或养殖)、加工、运输、消费及为城市提供农产品和服务在内的完整经济过程,涉及种养加、产供销等各个环节,是城市经济和城市生态系统的组成部分,都市农业生产依托并服务于都市,将农业生产的生产性、生活性和生态性融于一体。

虽然学者对都市农业的具体概念表述存在差异,但是目前学界基本达成以下共识,一是都市农业在地理位置上一般位于城市周边和城市近郊;二是从功能上说,不同于以生产为主要目的的传统农业和郊区农业;三是从服务对象看,都市农业的主要目标消费者是城市居民;四是都市农业承载的角色较多,重视生产、生态、生活。基于以上分析,本书所指的都市农业,采纳了黄伦宽(2018)、唐娅娇(2019)和李克强等(2021)学者的综合观点,是指以城市周边地区为主,利用农业资源和农业景观,以现代农业技术为支撑,以绿色化、园区化、标准化为主要标志,通过发展农业多种经营、优化生态环境为目标,三大产业融合发展,集农业生产、生活、生态和人文、休闲、美学等多种功能于一体的高效率农业形态(黄伦宽,2018;唐娅娇,2019;李克强等,2021)。需要说明一点,本书所指农业是狭义的农业,即与植物密切相关的农业,不包括畜牧、渔业等范畴。

3.2 都市农业的特征

现代都市农业的涵盖范围不仅包括城市中心区域,还包括城市近郊和远郊的农业发展类型,其实质是强调功能的一体化,实现生产、生活、生态和谐统一。这里强调的不仅是现代都市农业的经济功能,更要注重社会功能和生态环境因素,特别注重其功能的多元性和多样性。都市农业与乡村农业、城郊农业具有显著差异,三者的经济功能、本质特征、技术条件等均有不同,如表3-1所示。

表3-1 乡村农业、城郊农业与都市农业的区别[1]

项目	乡村农业	城郊农业	都市农业
城乡关系	联系不紧密	城乡结合	城乡交织融合
空间区域	农村地区	城市郊区	郊区、卫星城、城市内部
经济功能	生产功能为主	生产功能为主,兼具加工、流通等功能	生产、生活、生态功能多元融合
特征	强调生产,小生产-大市场	强调生产,主要满足服务城市消费者的饮食需求	强调服务,依托城市、服务城市,承担一部分城市功能
技术要求	农业生产技术	农业、工业生产技术	农业、生物、信息、管理、服务技术

---

① 郑文堂.北京都市型现代农业理论发展与实践创新[M].北京:人民出版社,2016.研究者有扩展。

3.2.1　区域限定性

在区域空间尺度上,农业可分为两大类型,一是保障国家粮食安全的粮食主产区,二是以大城市群为消费核心的都市型农业。粮食主产区主要功能是进行大宗粮食生产,保障国家粮食安全。在我国粮食连年丰收的情况下,因地制宜逐步发展具有地域特色的特色农业(如地理标志产品),兼具生产、生活和生态功能的都市农业,是当前农业供给侧改革的关注点之一。农业生产的组织模式应该以各地域的优势和市场需求为指导原则(窦同宇等,2017),目前看,都市农业的开展区域均集中于中心城市周边、城中村和城市近郊,都市农业大多距离城市主城区 5～100 km,具有明显的区域限定性。

3.2.2　城乡结合性

一般情况下,都市农业的开展要充分利用市场、人才、交通等聚集于大城市的优势资源。随着城市化进程的加快,城市空间不断扩张,城乡边界逐渐模糊,城市与农村互相渗透,都市建设与农业则相互依存而发展,城乡融合性日益明显。都市农业的生产资源条件具有资本、科技、人才的高度密集性,其生产经营充分利用城市资金、科技和人才优势,实现生产方式的专业化与规模化发展,最终实现生产、加工、销售的一体化经营,体现都市农业与城市的协调发展(谯薇等,2017)。

3.2.3　多产业融合性

都市农业直接反映于城市市场需求的现代化农业生产体系。在现代都市农业体系内部,追求实现的是产、供、销、服的一体化,同时都市农业与食品工业、餐饮住宿业、旅游服务业、金融业的关联度都比较高,从而衍生出农产品加工、休闲观光、餐饮民宿等多种新型的都市农业产业类型。

3.2.4　功能多元性

农业具有自然再生产和经济再生产的双重特性,农业系统应具有市场特性,即在经济机制的调节作用下,能够反映市场供给与需求的变化趋势,提供多种类型优质的农产品及服务;同时,合理进行农业现代化空间布局与模式选择,实现农业生产标准化、规范化、智能化、信息化是农业发展的必然要求(窦同宇等,2017)。一般而言,现代都市农业分布在城市内部或城郊,与消费群体距离很近,本质上是区域农业。因此,现代都市农业的布局和发展必须符合和顺应城市的发展需要,为城市居民提供生活产品,同时满足市民多样化的消费需求,在观光、休闲、娱乐方面也必须有一定的拓展,因此一些休闲观光农业、旅游农业、生态循环农业等农业类型应运而生。此外,都市农业还承担美化、绿化城市环境,为市民提供休闲娱乐场所等功能。

3.2.5 发展可持续性

近几年来,空气、水、土地资源和生物多样性等方面均面临一定的挑战与威胁。"绿水青山就是金山银山",因此现代都市农业生产的目的不仅仅是生产初级农产品,更重要的是改善环境、提升生活环境的质量。现代都市农业本质上是绿色可持续产业,都市农业就是运用农业生态系统中的生物共生和物质循环再生原理,吸收现代科学技术,因地制宜组织开展农业生产活动,以实现生态、经济和社会三效益协调统一的都市生态农业产业体系(曹林奎,2019)。

3.3 都市农业的功能

3.3.1 生产功能

都市农业的生产功能主要表现在为社会尤其是城市消费者提供高品质的农产品,满足居民的需要。生产功能是都市农业发展的基础保障功能,都市农业的建设出发点是为城市及周边居民、消费者提供及时、保质、新鲜的农副产品,满足城市居民对高品质绿色有机农产品的需求。同时,对初级农产品的分拣、包装、初加工等环节,成为初级农产品增值的有效方式,而对农产品的工业化加工和精深加工,也将成为都市农业未来发展的关注点。

3.3.2 生活功能

生活功能是指都市农业为城市居民提供亲近自然、体验农业、观光休闲的场所,满足城市居民精神文化生活需求。近年来,随着国内经济的不断发展,居民收入水平不断提升,城市居民对休闲旅游的需求不断增加,但是受限于时间、交通和经济因素,长途旅行难以实现,这为近郊的休闲旅游提供了巨大的发展契机。通过发展都市农业,既满足城市居民对生活质量的追求,使城镇居民可以有机会回归自然,同时也可以提高农民的收入,改善农村生活环境,促使城乡一体化发展。当前正是我国农业结构升级、城乡统筹、新农村建设的关键时期,都市休闲农业不仅遇到了难得的契机,还为它们的建设提供反哺力量,二者相辅相成,互相促进(王珊,2020)。农业作为城市文化与社会生活的组成部分,通过都市农业的发展建设,可以促进城乡交流,增加市民与农民之间的社会交往。

3.3.3 生态功能

都市农业不是强行占据土地资源,而是一种考虑到品质、产量、环境等因素的农业生产形式,通过加强人们对自然的认知,从而减少对自然环境的破坏,增强自然资源的可再生性。都市农业不仅仅考虑经济效益,更要兼顾环境效益与社会效益,它即是经济发展新的增长点,也是守住城郊耕地的重要途径,还是保留农耕文化的最佳选择(王珊,2020)。都市农业生产多通过现代先进技术,采用集约化模式推进农业规模化发展,能够充分利用有限资源,提高土地的产出效率和劳动生产率。都市农业发展,必须要考虑资源环境的承载力,资源环境承载力是都市农业发展的前提要求和重要支撑(谢艳乐等,2020)。从都市农业的发展路径上看,都市农业由最初的生产功能为主,到现在的食品产业、生态旅游、休闲观光、体验教育、电商平台等多个领域交织,形成了一、二、三产业融合的体系,是由单纯追求资本、技术要素替代逐步转向要素有机融合的新阶段(刘玉博,2020)。

3.3.4 文化功能

都市农业为我们了解农业文化搭建了切实可行的平台,为市民消费者获得农业知识提供便利。现代化程度高的都市农业,可以起到文化功能示范作用。都市农业园区可以成为农业科技宣传、农业知识普及和农业教育基地,可为城市居民提供农业知识教育、进行农耕文化传承。通过参加都市农业园活动、参观游览都市农业园区,市民消费者可以了解到现代农业的高新技术,为普及农业知识起到了积极的示范作用,起到了对农业文化的普及和传承作用。

3.3.5 示范功能

基于都市农业项目建设的都市生态示范区,是现代都市农业的发展方向之一,是推动城市及城市周边农村区域协调发展的重要载体。都市农业是按照可持续发展的要求,积极推进社会经济发展,建立经济、社会、自然、人文良性循环的复合生态系统,在满足广大人民群众不断提高的物质文化生活需要的同时,实现自然资源的合理开发利用和生态环境的持续改善。都市农业对乡村振兴、城乡协调发展、提升农民收入水平具有显著的带动示范效应,尤其对与都市农业密切关联的旅游业、餐饮业等起到联动作用。

3.4 发展都市农业的意义

全国范围的城市化快速推进,城市建设用地急剧扩张,大量的农业用地被建筑物侵占,根据《全国土地利用总体规划纲要(2006—2020 年)》,非农建设基本以每年 13 万~20 万公顷的速度侵占着农业耕地。同时,土壤污染问题严峻,全国局部土壤存在恶化趋势,其中耕地环境质量堪忧,遭受重度污染耕地已占 1.1%。随着人口增长城镇化加快,耕地质量问题凸显,区域性退化问题较为严重。耕地面积减少以及耕地土壤基础地力下降,是目前关系我国食品安全的重大问题。在粮食供应稀缺的背景下,我国耕地供需矛盾十分突出(于学文等,2016)。城镇建设要体现尊重自然、顺应自然、天人合一的理念,依托现有山水脉络等独特风光,让城市融入大自然,让居民望得见山、看得见水、记得住乡愁。这表明,新型城镇化建设对当前的城市特别是都市近郊地区提出了更高的要求。都市农业不仅具有传统的农业生产功能,更发挥了生态服务功能、休闲娱乐功能和文化传承功能(马涛等,2015)。

都市农业在我国农业现代化建设中发挥着重要的引导作用,在完善城市功能、扩大商品生产、保护环境、提升文化教育、提供休闲空间、扩大就业、示范辐射、推动城乡一体化、促进农村与城市之间经济文化交流等方面具有重要意义(祁素萍,2015)。

我国大都市的供给能力还不能全面满足消费需求,需要改进包括农业供给在内的供给能力和服务,实现大都市消费需求与供给之间更高程度的新平衡,这也是供给侧结构性改革的一个基本思路和主要内容(翁鸣,2017)。都市农业发展理念从发达国家引入中国,受到社会的广泛关注,成为农业发展的新趋势。与乡村农业不同,都市农业强调与城市共生,依托都市的辐射和需求,具有生产、生活和生态等多种功能,生产、生活和生态三大功能是都市农业发展水平的重要体现。因此,从"三生"视角探讨都市农业的发展有较强的现实意义(朱苗绘等,2020)。

同时,都市农业在缩小城乡差距、实现经济融合中扮演着重要角色。都市农业提供了大量就业岗位以吸纳一定数量的劳动力,避免城市化进程中的农民因为被突然抛入城市缺乏谋生技能而失业;通过对高新科技的广泛运用,使农产品生产率、供给率大幅提高,促进要素流动,带动经济增长;都市农业在发展中致力于追求三产融合,一方面创造了较多的就业机会,另一方面也促进了土地租金增长,使得政府可以摒弃圈占耕地、操纵土地市场价格等手段来实现地方政府财政税收最大化,转而通过支持社会资本发展都市农业,在保护耕地的同时实现当地经济、社会、生态的综合发展(周灿芳,2020)。

3.5　都市农业的关联产业体系

(1)园艺业。通过现代化的园艺生产基地和生产中心,生产应季和超时令的蔬菜瓜果与优质花卉,丰富产品供给,美化居民生活环境,繁荣城乡市场。

(2)农产品加工业。都市农业大多可以提供农产品的筛选、初加工、晾晒、包装、快递寄送等服务,方便消费者携带、运输,都市农业经营者可以通过这些简单的加工服务提高产品附加值,获取更多的利润。部分规模较大的都市农业经营主体,还可以进一步延伸服务链,或者委托其他食品加工企业,提供农产品深加工服务,带动食品加工业的发展。

(3)休闲旅游业。都市农业的一个重要功能是为市民消费者提供休闲娱乐场所,近年来乡村旅游发展迅速,把农业生产、农村生活和旅游业结合起来,使第一产业、第二产业和第三产业相互渗透,不但改善了农业生产功能单一的问题,增加了农业附加值,提高了农业综合效益,同时也促进了食品工业和服务业的发展。

(4)服务业。都市农业为餐饮、物流配送、休养疗养、教育培训等服务业提供了足够的发展空间。

(5)餐饮住宿业。市民体验都市农业时,会涉及餐饮住宿问题,品尝特色农家菜、体验乡村居住环境是都市农业的主要服务项目之一。

(6)交通运输业。虽然多数都市农业的消费者是以自驾形式出行,但是也会有一定比例的消费者乘坐公共汽车、出租车或者包车前往都市农业所在地,都市农业也在一定程度上促进了交通运输业的发展。

3.6 研究都市农业的理论基础

3.6.1 农业的多功能理论

农业多功能性是指农业具有多种商品和非商品功能,商品功能包括提供粮食、蔬菜、植物纤维和工业生产原料等农产品;非商品功能主要包括社会、环境、文化等方面,如促进城乡交流、净化空气环境、传承农耕文化、促进文化旅游等作用。如今对农业多功能性特征的研究方向主要是非商品功能,包括保护国家粮食安全、持续增加农民收入、优化自然环境、美化生活环境、稳定农村社会经济健康发展及塑造农耕文化和旅游等方面(陈智敏,2017)。农业多功能性理论是农业功能随着时代变化而诞生的产物,但同时也是农业保护理论的主要依据。

3.6.2 可持续发展理论

转型期,中国农业生产方式从拼资源、拼消耗向绿色节约调整升级,可持续发展成为都市农业变革的鲜明特征(曹正伟等,2019)。工业革命带来了巨大的技术进步和生产效率的提升,同时也带来了环境污染、资源枯竭、生态破坏等一系列的问题,探索经济、社会、环境可协调发展的道路,使发展同保护和改善环境协调一致,是可持续发展理论追求的目标。可持续发展"既满足当代人需要,又不对后代人满足其需要的能力构成危害"。在资源不断消耗、耕地规模一定而人口持续增长的形势下,在有限的土地上生产出数量更多、质量更优的农产品,是中国农业发展需解决的关键问题。因此,要高效配置各种农业生产要素,发挥技术优势、资本优势在都市农业中的作用,在有限的农地投入上获取最优的效益,实现农业可持续发展。

3.6.3 农业区位理论

1826 年,德国农业经济学家约翰·冯·杜能出版了《孤岛国同农业和国民经济之关系》一书,首次系统地阐述了农业区位理论的思想,奠定了农业区位理论的基础。约翰·冯·杜能认为不同位置与中心城市的距离不同所产生运费的不同,决定了不同地区农业生产的净收益不同,农业生产布局具有明显的层次性。他将城市中心作为原点,依次向外划分为多个圈层,包括自由农业圈(都市农业圈)、林业圈、农作物种植圈、谷草圈、畜牧圈等,农业的集约化水平和收益水平是由城市中心向外围依次递减的,在城市的周围,将以城市为中心、在某一圈层以某一种农作物为主的同心圆内进行农业布局,并形成以城市为中心,由内向外依次为自由式农业(都市农业)、林业、轮作式农业、谷草式农业、畜牧业这样的同心圆农业产业结构(翁鸣,2017;韩世钧,2019)。都市农业是最接近于城市中心的农业,直接面向城市居民,为他们提供新鲜的农产品,因为交通运输便捷,降低了生产成本,直接增加了都市农业的收益。因此,都市农业在发展中要综合考虑自然环境、区域特征、文化内涵等各种因素,不同地区要结合实际发展情况和特色对都市农业进行合理规划布局,发展不同区域的优势(韩世钧,2019)。

3.6.4 农业生态系统理论

在有限的土地资源利用配置中,不同规划部门对生态用地、建设用地和农业用地的利用方式、数量、分布等方面经常出现不一致与不和谐的情况,因此划定"三线"(生态红线、城市开发边界线、基本农田保护红线)是构建城市生产、生态、生活空间格局和实现"多规合一"的关键,但在实际工作中,"三线"由不同部门依据不同准则划定,在空间上往往存在冲突(刘耀林等,2018)。其中,生态红线是城市生态环境安全的底线,维护着城市生态安全和可持续发展;城市开发边界线是可进行城市开发的最大边界,可促进城市的紧凑发展;基本农田保护红线是为了保障粮食安全而划定的控制线,以其刚性约束控制城市无序扩张(马文涵等,2016)。农业生态系统是在红线的约束和规范下及人为控制下,利用土地、光、热等自然要素逐渐形成的提供农产品的集约化的半自然生态系统,为人类提供供给服务、调节服务、支持服务及文化服务(谢高地等,2013)。

3.6.5 城乡一体化发展理论

恩格斯认为城乡融合才能消除城市和乡村之间的对立,使得社会全体成员共享社会福利,并提出了"城乡融合"的概念,这里的"城乡融合"也就是现在所指的城乡一体化(晁玉方等,2016)。随着人类社会不断进步和发展,实现城乡一体化是必然趋势。都市农业的建设追求城乡之间互相融合,最终实现城乡一体化建设,从而促进都市农业的发展。

3.7　本 章 小 结

本章对研究对象的概念进行了界定,对都市农业的内涵展开讨论,阐述了都市农业问题的理论基础。

目前,关于都市农业的概念,学者尚存争议。本书所指的都市农业,是指以城市周边地区为主,利用农业资源和农业景观,以现代农业技术为支撑,以绿色化、园区化、标准化为主要标志,通过发展农业多种经营、优化生态环境为目标,三大产业融合发展,集农业生产、生活、生态和人文、休闲、美学等多种功能于一体的高效率农业形态。都市农业与乡村农业、城郊农业具有显著差异,三者的经济功能、本质特征、技术条件等均有不同,现代都市农业强调的不仅是现代都市农业的经济功能,更要注重社会功能及生态环境的因素,特别注重其功能的多元性、多样性。

都市农业有五个显著特征。一是区域限定性,目前看,都市农业的开展区域均集中于中心城市周边、城中村和城市近郊,都市农业多距离城市主城区 5～100 km;

二是城乡结合性,随着城市化进程的加快,城市空间不断扩张,城乡边界逐渐模糊,都市农业充分利用城市资金、科技和人才优势,实现生产方式的专业化与规模化发展,最终实现都市农业与城市的协调发展;三是多产业融合性,都市农业与食品工业、餐饮住宿业、旅游服务业、金融业的关联度都比较高,从而衍生出农产品加工、休闲观光、餐饮民宿等多种新型的都市农业产业类型;四是功能多元性,现代都市农业的布局和发展必须符合和适应城市的发展需要,为城市居民提供生活产品,同时满足市民多样化的消费需求,在观光、休闲、娱乐方面也必须有一定的拓展,都市农业承担美化、绿化城市环境,为市民提供休闲娱乐场所等功能;五是发展可持续性,现代都市农业生产的目的不仅仅是生产初级农产品,更重要的是改善环境、提升生活环境的质量,现代都市农业本质上是绿色可持续产业,追求生态、经济和社会效益协调统一。

都市农业具有多重功能。一是生产功能,主要表现在为社会尤其是城市消费者提供高品质的农产品,满足居民的需要,是都市农业发展的基础保障功能;二是生活功能,都市农业为城市居民提供亲近自然、体验农业、观光休闲的场所,满足城市居民精神文化生活需求,通过发展都市农业,既满足城市居民对生活质量的追求,使城镇居民可以有机会回归自然,同时也可以提高农民的收入,改善农村生活环境,促使城乡一体化发展;三是生态功能,都市农业要考虑到受品质、产量、环境等因素影响的农业生产形式,不仅仅要考虑经济效益,更要兼顾环境效益与社会效益;四是文化功能,都市农业为我们了解农业文化搭建了切实可行的平台,为市民消费者获得农业知识提供便利,通过参加都市农业园活动、参观游览都市农业园区,市民消费者可以了解到现代农业的高新技术,为普及农业知识起到了积极的示范作用,起到了对农业文化的普及和传承的作用;五是示范功能,都市农业对乡村振兴、城乡协调发展、提升农民收入水平具有显著的带动示范效应,尤其对与都市农业密切关联的旅游业、餐饮业等起到联动作用。

都市农业与城市共生,依托都市的辐射和需求,具有生产、生活和生态等多功能,生产、生活和生态三大功能是都市农业发展水平的重要体现,在缩小城乡差距、实现经济融合中扮演重要角色。都市农业提供了大量就业岗位以吸纳一定数量的劳动力,在发展中致力于追求三产融合,创造了较多的就业机会,在保护耕地的同时促进经济、社会、生态的综合发展。都市农业关联产业众多,如园艺业、养殖业、农产品加工业、休闲旅游业、服务业、餐饮住宿业和交通运输业等。

研究都市农业的理论基础主要包括农业多功能性理论、可持续发展理论、农业区位理论、农业生态系统理论、城乡一体化发展理论等。一是农业多功能性理论，农业具有多种商品和非商品功能，如今对于农业多功能性特征的研究方向主要是非商品功能，是农业功能随着时代变化而诞生的产物，但同时也是农业保护理论的主要依据。二是可持续发展理论，"既满足当代人需要，又不对后代人满足其需要的能力构成危害"，在耕地规模一定而人口持续增长的形势下，在有限的土地上生产出数量更多、质量更优的农产品，是中国农业发展需解决的关键问题。三是农业区位理论，都市农业是最接近于城市中心的农业，都市农业在发展中要综合考虑自然环境、区域特征、文化内涵等各种因素，不同地区要结合实际发展情况和特色对都市农业进行合理规划布局，发展不同区域的优势。四是农业生态系统理论，在生态红线、城市开发边界线、基本农田保护红线的约束和规范下及人为控制下，利用土地、光、热等自然要素形成提供农产品的集约化的半自然生态系统，为人类提供供给服务、调节服务、支持服务及文化服务。五是城乡一体化发展理论，都市农业的建设追求城乡之间互相融合，最终实现城乡一体化建设，从而促进都市农业的发展。

第 4 章　影响都市农业发展的因素（理论分析）

根据研究需要,研究者以"现代农业""农业发展""都市农业""都市农业发展""都市农业的影响因素""都市农业的制约因素""都市农业发展问题""都市农业发展水平""都市农业发展模式""都市农业发展路径"等为关键词和主题词,搜集到文献资料约 140 篇,研究者对这些重要文献的研究内容、研究重点进行了归纳分类和梳理整合,提炼出影响都市农业发展的重要因素、制约条件,实现路径和具体的发展模式及策略。重要文献来源如表 4－1 所示。

表 4－1　访谈提纲与调研问卷设计的主要文献来源

文献	主要研究内容
孙艺冰等(2014)	国外都市农业的发展历程
马涛等(2015)	都市农业的发展模式
于学文等(2016)	都市农业的发展模式
陈智敏(2017)	都市农业的发展政策
谯薇等(2017)	都市农业的发展困境
陈荟茜(2017)	都市农业的发展策略
冯发贵等(2017)	产业补贴、税收优惠与产业政策
朱海波等(2017)	都市农业的质量安全
金琰等(2017)	都市农业的布局规划
史晓情等(2017)	都市农业的教育意义
崔莹等(2017)	都市农业的发展战略
崔宁波等(2018)	国外都市农业产业体系及发展模式
韩英(2018)	都市农业的发展路径

表 4-1(续)

文献	主要研究内容
刘君(2018)	都市农业与城乡协同发展
焦丽娟等(2018)	都市农业发展的影响因素
商建维(2018)	都市农业发展的实现路径
张春茂(2018)	都市农业的发展对策
中国现代都市农业竞争力研究课题组等(2018)	都市农业竞争力
曹正伟等(2019)	都市农业生态可持续发展评价
曹林奎(2019)	都市农业的发展模式
唐娅娇(2019)	都市农业与城乡协同发展
杨威等(2019)	都市农业的发展模式
张翼翔等(2019)	都市农业的问题及发展策略
林树坦(2019)	都市农业的发展水平评价
张永强等(2019)	都市农业与城乡融合发展
宋备舟等(2019)	都市农业的人才培养
陈芮宇(2019)	都市农业的发展策略
张霞(2020)	都市农业的发展路径
刘玉博(2020)	都市农业的发展路径
佟宇竞(2020)	都市农业发展的影响因素与实现路径
朱苗绘等(2020)	都市农业发展水平评价
张静怡等(2020)	都市农业发展水平评价
周晓旭等(2020)	都市农业发展水平评价
朱鹏等(2020)	都市农业产业体系
朱利等(2021)	都市农业发展的制约因素

来源:研究者根据文献综合整理。

在充分利用相关文献研究资料的基础上,研究者又进一步对都市农业相关领域的3位学者开展了非结构性专家访谈。通过对文献的梳理和总结,结合专家访谈的情况,研究者厘清了影响都市农业发展的因素。根据这些影响因素的性质和影响角度的不同,研究者将其归纳总结为4个方面,即供给侧因素、需求侧因素、政策因素以及影响都市农业发展的其他社会因素。

4.1 供给侧因素

都市农业是一种城市化快速发展衍生的新型农业形式,需要政府的政策资金支持和有效引导,资金的投入对其极为重要,尤其在基础设备设施投入、人力、技术支持上,需要协调各方面因素切实推进都市农业发展。

4.1.1 区位与土地

根据杜能的农业区位理论,在空间上布局构建农业的生产模式,主要是以农产品特点、运输的成本因素以及级差地租三者之间的差异为基础设定的。杜能的区位论指出,从农业生产布局考虑,一是要考虑级差地租,二是要考虑运输成本的高低,三是要考虑农产品的差异性。都市农业空间布局的规划及演变受到城市空间拓展、经济社会转型、现代农业发展和生态休闲融合的影响(金琰等,2017),尤其是对地理位置的选择至关重要。土地制约问题一直是影响都市农业发展的首要问题,都市农业是一种集中性较为明显的生产体系,其生产过程要求各投入要素高度联动,将农业、畜牧业、水产养殖业、林业等尽可能地进行集中生产,成为一个相互作用的复合体系,实现对土地的集中利用。就目前来看,不少农村的生产区域分布零散,而且农户有着较强的自主意识,不愿意进行集中生产,从而增加了都市生态农业发展的难度(韩英,2018)。以土地制约为主要表现形式的区位因素,直接影响都市农业生产的基础条件和基础设施,尤其是城市周边的农村道路,供水、电力、通信等配套基础设施,农村公共服务设施,垃圾无害化处理和污水达标排放设施,极大影响都市农业的发展速度。

4.1.2 基础设施与资金投入

水利、电力、农业机械设备等农业基础设施,是保障农业生产经济活动正常运行的基础,是构成区域农业系统发展的最基础要素,其完备程度、技术化程度,影响了都市农业的发展基础和增长速度。

同时,生资、技术引进等都市农业固定资本投入对总产出(以销售收入为主要表现形式)有正向的积极影响,但是发展都市现代农业已经不仅仅是传统农业的范畴,要特别重视并加大对设施农业、智能农业的投入,加快建设智能温室、喷灌、肥水一体等设施,提升都市农业的设施化程度,促进都市农业现代化发展(焦丽娟等,2018)。当前,资金短缺仍是农业、农村持续发展的金融瓶颈,只有吸引工商资本下乡、人才下乡,才能激活农村发展活力,真正实现乡村振兴。在都市生态农业中聚合社会各方面的资源和资金,有效解决"三农"领域融资难、融资贵的问题,才能促进都市农业的发展(刘君,2018)。农业是一个薄弱的产业,风险较大,受环境和市场因素影响较大,且市场规律不易掌握,农产品和农业产业在这些潜在风险下容易受到损失,不利于都市农业的发展。发展都市农业作为城郊地区率先实现农业现代化的有效路径,但是资金需求量大、周转周期长等限制因素也很明显,社会资本等投资积极性不高,导致资金总量不足、贷款困难等问题长期存在。此外,都市农业具有较高的功能融合性,而传统农业金融产品供给方式单一、覆盖面小,致使都市农业发展的金融产品供需矛盾突出(朱利等,2021)。

4.1.3　技术投入

一是生产技术。相比较而言,都市农业较传统农业、城郊农业的生产技术含量明显增加,都市农业具有明显的集约化、科技化、设备化、自动化的特点,如立体种植、反季耕作、恒温控制、无土特色栽培等。

二是经营管理技术。都市农业的运营多以企业化形式开展,具有现代农业企业的特性,与传统的"家庭联产承包"生产不同,都市农业企业一般有相对较多的员工数量和更为细致的工作分工,更加要求员工要有一定的知识和能力,在实际经营中,更注重培养员工的管理技术、市场敏感性、激励技术等,要求都市农业从业者要全面掌握企业管理、市场营销、消费者心理学等系统知识。

三是信息化技术。都市农业的现代化发展,不仅需建立与时俱进的管理理念,还需充分发挥现代信息技术的优势与价值。如互联网技术、软件操作与管理技术、新媒体应用技术等,但目前大部分都市农业的从业者在实践中并未真正围绕现代化信息技术发展都市农业、开展经营活动。在都市农业的农业生产方面,都市农业企业仍沿袭传统的种植、生产和销售手段,无法形成技术引导的规模化、系统化的生产与经营,严重阻碍了现代都市农业发展。因此,必须积极推进都市农业信息化建设工作,大力推动技术的应用,引导都市现代农业发展。

4.1.4　能力与意愿

都市农业供给侧主体能力,极大影响都市农业的发展。都市农业与城市化发展关系十分紧密,除满足基本的生产功能外,其还与城市发展相互作用,形成符合城市发展需求的复合型功能,且在城市中心、城郊融合以及城市外缘的不同区域,农业功能表现的侧重点会有所不同,这就要求都市农业经营主体具备多种技能,其接受新技术、收集分析市场信息、管理营销等的综合素质及能力,都关系到都市农业的发展(朱利等,2021)。

市场对生产者激励不足,抑制了绿色优质农产品的生产供给。以生产性为主的都市农业,一般会依据甚至高于绿色优质农产品的生产标准组织生产,需要投入诸多优质要素,前期投入的技术、设备、固定资产等占用大量资金,但优质农产品的产量往往较低,市场规模小且不稳定,其面临的市场风险也比较高。因此,高品质的都市农业产品定价机制应该是高价格、高收益,以反映产品的竞争价值,进而激励生产者。但是,如果市场行情有波动,或者销路不畅,不能够通过市场认可的高价格来反映其价值,那么对于生产优质农产品的都市农业从业者而言,会面临高投入、高风险、低收益的处境,风险与收益不匹配的结果只能是被迫退出优质农产品的生产,限制都市农业的发展(朱海波等,2017)。因此,必须使产品的知名度、美誉度、竞争力及产品质量等得到市场的认可,提升都市农业生产者的生产意愿,才能高效促进都市农业的持续健康发展(张翼翔等,2019)。

4.2　需求侧因素

4.2.1　市场规模

　　市场规模的大小从两个方面影响都市农业的发展,一是从行业整体来看,只有达到一定的行业规模,都市农业才能被消费者充分感知和接受,才能形成良好的社会互动,促进都市农业的发展;二是从企业角度来看,一个企业必须有足够的消费者群体规模支撑才可能盈利,从"本－量－利"分析模型很容易得到这样的结论。基于"本－量－利"分析模型(Cost-Volume-Profit Analysis,CVP),研究企业的成本、销售量、价格和利润之间的数量关系,是以企业成本、销售量与利润之间的关系来分析企业固定成本、变动成本的变化对销售量和利润的影响。以生产性都市农业为例,影响商品价格形成的成本因素包括两大类,一类是与企业的生产数量无关的固定投入成本,如土地的租金、办公场所租赁费、管理人员工资、棚室等先期固定投入、日常经营的必须支出等,称为固定成本;另一类是与都市农业的规模、生产量、销售量成正比的变动成本,如种苗投入、生资投入、按量支付的工人工资支出、餐饮成本投入、市场销售推广费用等,如图4－1所示。

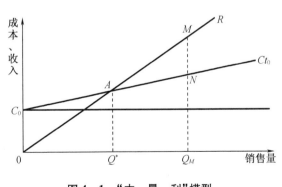

图4－1　"本－量－利"模型

　　图4－1中C_0表示固定成本,Ct_0为中间商企业的总成本(固定成本加变动成

本),R 为销售收入,A 点为盈亏平衡点,Q^* 为盈亏平衡时的销售量,R—A—Ct_0 围成的开三角区域为盈利区间。如果实际市场销售量为 QM,则其利润为 M—A—N 围成的三角形的面积(刘志成等,2013)。

4.2.2 消费者对都市农业的认知

当前看,发展都市农业的意义越来越得到社会公众的认可,但消费者还应提高对都市农业的认知。消费者对产品的认知过程(即新产品的市场扩散过程)是新产品逐渐被越来越多的消费者熟知、接受、采用的过程。在消费者对新事物产生兴趣、试用和采用等阶段,产品的接受度受到产品本身特点,竞争情况,消费者的消费心理、价值观念、个性特点等多种因素的影响,不同顾客对新产品的反应会有较大差异,企业要采取有针对性的营销策略(郝文艺等,2020)。美国学者罗杰斯(1983)根据消费者接受程度快慢的差异,把采用者划分为 5 种类型,即创新者、早期采用者、早期大众、晚期大众和落后采用者。任何新产品都是由少数创新者率先使用的,创新者也被称为"消费先驱""猎奇者",他们一般较年轻,通常极具冒险精神、性格活跃,愿意接受新鲜事物,易受广告等促销手段的影响。因此,在都市农业发展的起步阶段,都市农业企业应把创新者作为主要目标,采取有针对性的营销手段开展活动,这类采用者多在产品的导入期和成长期采用新产品,对后续采用者影响较大(郝文艺等,2020)。

4.2.3 消费者的支付能力

菲利普·科特勒强调,市场是由一切具有特定欲望和需求并且愿意和能够以交换来满足这些需求的潜在顾客所组成。从可操作性层面来讲,只有"具有特定需要和欲望,而且愿意并能够通过交换来满足这种需要或欲望的现实顾客和潜在购买者"才构成市场。市场的这 3 个因素是相互联系的,只有这三者有机地结合起来才能构成有效的现实市场,才能决定市场的规模和容量。从中看出,市场的形成离不开消费者的支付能力。都市农业产品并非生活必需品,因此其需求价格弹性较大,相对价格的变化对其需求数量的影响相关程度较大(郝文艺等,2020)。因此,消费者的支付能力极大影响都市农业的发展,随着消费者收入尤其是消费者可自由支配收入的提高,都市农业的需求将快速增长。

4.2.4 消费者体验与感知质量

都市农业存在着同质化严重的问题,如产品和服务项目雷同、设计主题差异小等。企业优化消费者体验,可增强顾客满意度和再购买意愿(于丽娟等,2019),都市农业消费者对都市农业产品的体验是影响消费者再次参与与否的重要因素。因此,都市农业的经营者应该根据目标消费群体的差异,有针对性地设计出多种各具特色的项目,如采摘、品尝、休闲体验、农业生产参与等多样性活动项目,增强顾客参与感、体验感、满足感。比如针对中老年人,主要注重养生休闲元素的融入,可利用优美的自然风光,专门为中老年人提供各类养生服务;针对儿童,主要注重趣味性及科普性的融入,如设计亲子耕田种菜的活动,设计喂养动物区域和与动物亲近的专门区域,设计关于农业、地理等知识的学习廊坊等。总之,经营者应该更加重视各类消费者的需求,从各个方面增强其体验感(方圆,2020),只有消费者体验感和感知质量提升,才能在需求侧促进都市农业的发展。

4.3 政策因素

4.3.1 政府对都市农业的规划设计

完善的政策制度,能够鼓励和促进社会经济资源、技术资源和人力资源合理流动和开发利用,加速经济社会发展,从而极大地提高社会生产率,推动经济增长。尤其是产业发展规划、专业人才的引进与培育规划等,对产业发展的导向性作用十分明显。认真研究都市农业发展中的政策机制和各类规划的作用,从统筹城乡和区域可持续发展的角度来分析都市农业发展中存在的问题,有利于促进都市农业健康发展(商建维,2018)。

4.3.2　扶持与补贴政策

农业具有弱质性,政府通过采用农业补贴手段对其进行大力扶持,保障农业的国民经济基础地位。伴随着城市性质和功能的变化,农业逐步向集生态绿色农业、观光休闲农业、高新科技现代农业等多功能于一体的都市农业转变,农业功能的多样性要求农业补贴政策应灵活变化(陈智敏,2017)。影响都市农业的政策制度因素主要包括城市发展规划、城乡区域建设规划、项目扶持政策、税收优惠、金融投资政策以及各种激励机制等,这些政策性因素都会影响都市农业的空间布置格局和发展方向(杨威等,2019)。坚持都市农业产业扶持政策,补贴政策法规化、制度化,在常态化的基础上体现动态化管理,充分利用政策导向、法律规范和经济激励手段,辅以行政监管措施,能够大力促进和有效协调都市农业的健康快速发展(张春茂,2018)。

4.3.3　税收优惠政策

财政补贴与税收优惠作为培育与发展新兴产业的主要政策工具被各国广泛使用。研究表明,受到产业政策支持的企业的绩效好于未受到产业政策支持的企业,税收优惠政策显著改善了企业的绩效,并且在受到产业政策支持时,企业获得的税收优惠程度越高,企业的绩效越好(冯发贵等,2017)。近年来,我国政府部门逐渐加大了各种税收优惠政策的力度,这些税收优惠政策在促进产业发展和企业的转型发展方面发挥着十分重要的作用,只有对政府部门出台的各项税收优惠政策进行详细的分析和利用,才能够借助政策优势和税收改革来实现可持续发展(马建宁,2020)。

4.4　其他社会因素

4.4.1　都市农业的社会文化氛围

社会文化氛围是引领经济发展的长效动力,是推动产业发展的"看不见的手"。通过加大宣传力度,能够将产业的发展植入消费者日常生活中,促进消费者形成良好的认知,有利于增强都市农业的市场影响力。政府、新闻媒体、社会团体、行业协会等多渠道投入,可以相互补充、共同营造良好的都市农业发展氛围,将文化资源与产业耦合,是促进都市农业产业发展的重要保障(吴延生,2019)。

4.4.2　配套设施和服务

都市农业的发展离不开城镇化发展所提供的基础条件,如道路建设、城市美化设施建设等,同时,都市农业发展所需的服务支撑来源于在城镇化建设中迅速发展的物流、科技、信息、金融、商贸等产业,城镇化也满足了都市农业对于人才、资金、技术等方面的需求,带动了相关产业如农副产品加工、农业教育、休闲旅游、信息服务等的快速发展,强化了都市农业本身的功能,提高了市场化程度,满足了消费者的多重需求(唐娅娇,2019)。

4.4.3　都市农业专业人才的培养与储备

人才问题成为制约农业发展的关键问题。当前,从事农业生产的人力资源不足,农业从业人员不同程度存在年龄偏大、学历偏低、技能偏弱等问题,农业生产经营尚未全方位进入信息化、网络化轨道,制约农业全要素生产力的发展(上海市农村经济学会课题组等,2017)。随着经济发展,越来越多青壮年劳动力进入城市,高素质劳动力从农业行业流失,农业院校培养的毕业生不愿去农村,农业类大学生缺乏实践经验,不能深入了解农业,大部分农业从业人员没有长远规划,甚至是不得已而为之,参与都市农业活动的从业者并非源于专业特长和职业热爱,特别是农业生产周期长、市场变化快,不确定因素较多,缺乏一个稳定发展的基础。此外,对农业专家、大学生村官、返乡创业人员等人才队伍的扶持力度不高,实用人才培训力度不够(张霞,2020),都极大限制了都市农业的发展。

4.5 本 章 小 结

本章主要从理论层面,对影响都市农业发展的因素进行了分析。

研究者在充分利用相关文献研究资料的基础上,对这些重要文献的研究内容、研究重点进行了归纳分类和梳理整合,提炼出影响都市农业发展的重要因素、制约条件,都市农业的实现路径和具体的发展模式及策略。通过对文献的梳理、总结,结合专家访谈的情况,研究者根据这些影响因素的性质和影响角度的不同,将影响都市农业发展的因素整合为四个方面,即供给侧因素、需求侧因素、政策因素以及影响都市农业发展的其他社会因素。

影响都市农业发展的供给侧因素主要有区位与土地、基础设施与资金投入、技术投入和能力与意愿。一是区位与土地,根据杜能的农业区位理论,农业生产布局要考虑到级差地租、运输成本的高低和农产品的差异性,都市农业是一种集中性较为明显的生产体系,其生产过程要求各投入要素高度联动,以土地制约为主要表现形式的区位因素,直接影响都市农业生产的基础条件和基础设施,极大影响都市农业的发展速度。二是基础设施与资金投入,水利、电力、农业机械设备等农业基础设施是保障农业生产经济活动正常运行的基础,是构成区域农业系统发展的最基础要素,其完备程度、技术化程度,影响都市农业的发展基础和发展速度。同时,生资、技术引进等都市农业固定资本投入对总产出有正向的积极影响,当前资金短缺仍是农业、农村持续发展的金融瓶颈,只有有效解决"三农"领域融资难、融资贵的问题,才能促进都市农业的发展。三是技术,包括生产技术,如立体种植、反季耕作、恒温控制、无土特色栽培等;经营管理技术,在实际经营中,更注重培养员工的管理技术、市场敏感性、激励技术等,要求都市农业从业者要全面掌握企业管理、市场营销、消费者心理学等系统知识;信息化技术,如互联网技术、软件操作与管理技术、新媒体应用技术等,必须积极推进都市农业信息化建设工作,大力推动技术的应用,引导都市现代农业发展。四是都市农业供给侧主体能力,要求都市农业经营主体具备多种技能,如新技术接受能力、市场信息分析能力等,必须使产品的知名度、美誉度、竞争力及产品质量等得到市场的认可,提升都市农业生产者的生产意愿,才能有效促进都市农业的持续健康发展。

影响都市农业发展的需求侧因素主要有市场规模、消费者对都市农业的认知、消费者的支付能力和消费者的体验与感知质量。一是市场规模,市场规模的大小从两个方面影响都市农业的发展,一方面从行业整体来看,只有达到一定的行业规模,都市农业才能被消费者充分感知和接受,才能形成良好的社会互动,促进都市农业的发展;另一方面从企业角度来看,一个企业必须有足够的消费者群体规模才可能盈利。二是消费者对都市农业的认知,当前看,发展都市农业的意义越来越得到社会公众的认可,但消费者还应提高对都市农业的认知,在都市农业发展的起步阶段,都市农业企业应把"创新者"作为主要目标,采取有针对性的营销手段开展活动,这类采用者多在产品的导入期和成长期采用新产品,对后续采用者影响较大。三是消费者的支付能力,市场的形成离不开消费者的支付能力,都市农业产品并非生活必需品,因此其需求价格弹性较大,相对价格的变化对其需求数量的影响相关程度较大。因此,消费者的支付能力极大影响都市农业的发展,随着消费者收入尤其是消费者可自由支配收入的提高,都市农业的需求将快速增长。四是消费者的体验与感知质量,都市农业的经营者应该重视各类消费者的需求,根据目标消费群体的差异,有针对性地设计出多种各具特色的项目,增强消费者参与感、体验感、满足感,消费者体验感和感知质量的提升,能在需求侧促进都市农业的发展。

影响都市农业发展的政策因素主要有政府对都市农业的规划设计、扶持与补贴政策、税收优惠政策等。一是政府对都市农业的规划设计,能够鼓励和促进社会经济资源、技术资源和人力资源合理流动及开发利用,从而提高社会生产率,尤其是产业发展规划、专业人才的引进与培育规划等,对产业发展的导向性作用十分明显。二是扶持与补贴政策,主要包括城市发展规划、城乡区域建设规划、项目扶持政策、税收优惠、金融投资政策以及各种激励机制等,坚持都市农业产业扶持政策,实行补贴政策法规化、制度化,在常态化的基础上体现动态化管理,充分利用政策导向、法律规范和经济激励手段,辅以行政监管措施,能够大力促进和有效协调都市农业的健康快速发展。三是税收优惠政策,这些税收优惠政策在促进产业发展和企业的转型发展方面发挥着十分重要的作用,只有对政府部门出台的各项税收优惠政策进行详细的分析和利用,才能够借助政策优势和税收改革来实现可持续发展。

影响都市农业发展的其他因素主要有都市农业的社会文化氛围、配套设施和服务、都市农业专业人才的培养与储备等。一是都市农业的社会文化氛围,政府、新闻媒体、社会团体、行业协会等多渠道投入,可以相互补充、共同营造良好的都市农业发展氛围,将文化资源与产业耦合,是促进都市农业发展的重要保障。二是配套设施和服务,如道路建设、路灯等城市美化设施建设,物流、科技、信息、金融、商贸等产业服务,带动都市农业相关产业的快速发展,强化了都市农业本身的功能,满足了消费者的多重需求。三是专业人才的培养与储备,当前从事农业生产的人力资源不足,农业从业人员不同程度存在年龄偏大、学历偏低、技能偏弱等问题,农业院校培养的毕业生不愿去农村,对农业专家、大学生村官、返乡创业人员等人才队伍的扶持力度不高,极大限制了都市农业的发展。

第 5 章　都市农业发展影响因素的指标体系模型构建及求解

5.1　指标选取的原则

为了使指标体系科学化、规范化、可操作化,在构建指标体系时,应遵循以下原则。

(1)系统性原则。将问题看作一个系统进行分析,通过一定的逻辑关系,展现研究问题与各影响指标的内在结构和关联。每一个系统(子系统)由一组(一簇)指标构成,各指标之间要保证相互独立,互不干扰但又彼此联系,共同构成一个全面、不可分割的评价体系。

(2)典型性原则。各评价指标应该具有典型代表性,不能过多过细,使指标体系过于复杂、过于烦琐,指标之间不能相互重叠、相互包含,评价指标体系选取的指标项目,必须能准确、真实且有针对性地反映出研究对象的核心特征。

(3)科学理论支持原则。评价指标的选取和设置,要周密确切、科学合理,在确定指标时,应当选择经过研究者逻辑推导的指标,使指标更加科学化、合理化;重视新兴指标的研究,并与社会、经济、社会发展指标相融合、关联,展现都市农业的多功能特征(张静怡等,2020)。

(4)可量化原则。指标选择上,要简单明了、便于收集,各指标应该能够便捷获取,现实可操作性强,具有量化的可对比性,指标之间的对比判断简单、清晰,以便于进行数学计算和软件识别分析。

(5)方便可行原则。指标的获取要相对容易、方便可行,即指标数据的获取成本较低,实际可操作性强。

5.2　模型的设计与研究的组织过程

根据第 4 章的分析,研究者就影响都市农业发展的因素进行了进一步的细化研究,形成指标体系。研究者拟通过层次分析法进行进一步研究。层次分析法是将复杂得多条件约束决策问题作为一个整体系统来研究,将决策目标分解为多层子目标或判断准则,进而分解为可量化的细化指标(或准则、约束),通过专家对各指标赋权、量化方法算出层次单排序(权数)和总排序(权数),以做出优化决策的系统决策方法。

研究者在对都市农业发展的影响因素进行理论分析的基础上,于 2021 年 5 月 4 日邀请了两位长期致力于都市农业领域研究的专家教授、两位都市农业经营者以及某咨询公司项目经理周先生共 5 位专家学者进行了共同探讨。受疫情影响和研究时间的限制,本研究通过腾讯会议(337 261 766)在线进行。会议伊始,研究者(主持人)首先介绍了与会专家的基本情况,就本研究的目的、研究意义、研究进展进行了通报,对都市农业影响因素的梳理过程和研究模型的设计过程进行了说明,然后各位专家就研究者(主持人)设计的都市农业发展模型进行了讨论,经过专家集体讨论,认为研究者总结梳理、设计的都市农业发展指标体系科学、合理,影响都市农业发展的因素主要包括供给侧因素、需求侧因素、政策因素以及其他社会因素4 个方面(二级指标),研究者与各位专家一起对这 4 个二级指标进行了进一步细化,分解为 14 个三级指标,构建完成了都市农业发展因素的指标体系。

5.3　指标体系构建与模型设计

根据对已有国内外文献的系统分析,结合专家的意见,研究者构建了都市农业发展指标体系研究模型,如表 5 - 1 所示。

表 5 - 1　都市农业发展指标体系

一级指标(A)	二级指标(B)	三级指标(C)
A 都市农业发展	B1 供给侧因素	C11 区位与土地
		C12 基础设施与资金投入
		C13 技术投入
		C14 能力与意愿
	B2 需求侧因素	C21 市场规模
		C22 消费者的认知
		C23 消费者的支付能力
		C24 消费者体验与感知质量
	B3 政策因素	C31 都市农业的布局规划设计
		C32 扶持与补贴政策
		C33 税收优惠政策
	B4 其他社会因素	C41 社会文化氛围
		C42 配套设施与服务
		C43 人才培养与储备

一级指标为都市农业发展,是研究者希望解决的总目标。本研究的总目标是希望找到影响都市农业发展的因素体系及各因素之间的关系,同时探究各因素对总指标的影响程度、影响方向,以便于针对具体指标,寻求科学合理、针对性较强的解决对策,克服当前都市农业发展中的障碍,进而促进总目标的实现。

二级指标包括供给侧因素、需求侧因素、政策因素以及影响都市农业发展的其他社会因素 4 个方面,这 4 个二级指标是分析解决总目标的次级指标。二级指标是对一级指标的直接支撑条件,二级指标之间相互独立,共同对总指标产生影响。对二级指标的设计,一考虑到各二级指标的实际作用,确实对一级指标具有明显的影响,符合理论推理;二是要考虑到指标的实际可获得性,不易获得的指标需要用替代指标进行研究。本研究所涉及的 4 个二级指标,均具有清晰、明确的界定,均对一级指标即都市农业的发展具有理论上的影响且相互之间独立,符合研究模型的要求。

对 4 个二级指标进一步分解成可直接观测或量化的三级指标,其中供给侧因素进一步细化为区位与土地、基础设施与资金投入、技术投入(包括生产、管理技术等)和都市农业经营者的能力与意愿等 4 个三级指标;需求侧因素进一步细化为都市农业的市场整体规模、消费者对都市农业的认知、消费者的支付能力和消费者体验与感知质量等4个三级指标;政策因素进一步细化为都市农业的布局规划设计、扶持与补贴政策和税收优惠政策等3个三级指标;其他社会因素主要包括都市农业的社会文化氛围、配套设施与服务和人才培养与储备等3个三级指标。对三级指标的设计同样是要考虑到各指标的实际作用,符合理论推理和常识判断,同时这些三级指标可获得性较好,具有清晰、明确的界定且相互之间独立,可以通过文本、文件或实际观察、询问访谈、问卷测量等方式获取需要的数据,符合研究模型的要求。

从这个指标体系结构上看,影响都市农业发展的因素主要是行业内部的供给侧和需求侧因素,这两个因素是核心;行业主体(供需双方)外部的影响因素主要是政策因素和其他因素,这4个因素对都市农业发展的影响机理如图5-1所示。

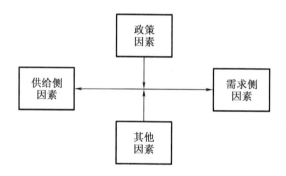

图5-1　影响都市农业发展的各因素的影响机理

5.4　模型求解

为了便于层次分析法的使用,采取5级等级差分法对各要素进行两两比较,在这里规定:

当 B_i 与 B_j 相比同等重要时, $B_{ij} = 1$;

当 B_i 与 B_j 相比略重要时, $B_{ij} = 2$;

当 B_i 与 B_j 相比明显重要时, $B_{ij} = 3$;

当 B_i 与 B_j 相比非常重要时, $B_{ij} = 4$;

当 Bi 与 Bj 相比极端重要时，B$ij=5$；

其中 Bij 与 Bji 互为倒数关系。

同样的，Ci 与 Cj、Cij 与 Cji 也如此。

打分矩阵见附录1。

研究者根据判断规则和专家意见打分表，建立判断矩阵，并输入层次分析软件中进行计算。开始，采用背对背的方式，请各位专家根据自己的认知情况，单独对各二级、三级指标的对比关系进行打分，形成判断矩阵打分表。研究者在对专家的判断矩阵打分数据进行统计整理时发现，不同专家对指标的对比关系打分标准存在一定程度的分歧，即各专家对指标间的相对主要关系认知不一致。鉴于这种情况，我们进一步参阅了该方法的操作要求，并再一次与专家一对一沟通，征询了各位专家的意见，决定采用均值法对各位专家的评分意见进行综合整理，最后确定了各二级、三级指标间的打分矩阵关系，形成了综合所有专家意见的指标判断矩阵评分表。但是用均值法获得的专家意见评分表中的数字均不是整数，而层次分析软件要求各指标对比关系必须用整数（或整数的倒数）体现，为了完成本研究，研究者决定采用四舍五入的方式，对专家意见评分表中的非整数数字进行取整处理，最后建立了本研究的指标体系判断矩阵，并输入层次分析软件中进行计算，结果如表 5-2 至表 5-6 所示。其中 CR 为一致性比率，一般要求 CR<0.1 判断矩阵才满足一致性检验[①]；λ_{max} 为最大特征根。

表 5-2　A-B 判断矩阵

	B1	B2	B3	B4	权重 W
B1	1	1/2	2	3	0.288 6
B2	2	1	2	4	0.438 6
B3	1/2	1/2	1	1	0.155 1
B4	1/3	1/4	1	1	0.117 8

注：CR$=0.030\ 4<0.1$；　$\lambda_{max}=4.081\ 2$。

---

① 检验一致性的过程：

(1) 计算一致性指标 CI$=$（最大特征值$-n$）$/n-1$；

(2) 找出相应的平均随机一致性指标 RI；

(3) 计算一致性比例 CR$=$CI/RI；

(4) 当 CR<0.1 时，可接受，通过一致性检验。

表 5 – 3 B1 – C 判断矩阵

	C11	C12	C13	C14	权重 W
C11	1	1	1/2	1/3	0.150 9
C12	1	1	1	1/2	0.198 6
C13	2	1	1	1	0.280 9
C14	3	2	1	1	0.369 6

注: $CR = 0.030\ 4 < 0.1$； $\lambda_{max} = 4.081\ 2$。

表 5 – 4 B2 – C 判断矩阵

	C21	C22	C23	C24	权重 W
C21	1	1	2	2	0.336 9
C22	1	1	2	1	0.283 3
C23	1/2	1/2	1	1/2	0.141 6
C24	1/2	1	2	1	0.238 2

注: $CR = 0.022\ 6 < 0.1$； $\lambda_{max} = 4.060\ 4$。

表 5 – 5 B3 – C 判断矩阵

	C31	C32	C33	权重 W
C31	1	1	1	0.327 5
C32	1	1	2	0.412 6
C33	1	1/2	1	0.259 9

注: $0 = 0.051\ 6 < 0.1$； $\lambda_{max} = 3.053\ 6$。

表 5 – 6 B4 – C 判断矩阵

	C31	C32	C33	权重 W
C31	1	3	1	0.443 4
C32	1/3	1	1/2	0.169 2
C33	1	2	1	0.387 4

注: $CR = 0.0176 < 0.1$； $\lambda_{max} = 3.018\ 3$。

以上判断矩阵都较好地满足了单排序一致性检验,对其进行总排序并进行一次性检验,其一次性结果也通过验证。

从4个二级指标影响因素排序来看,需求侧因素对都市农业的发展影响最大,对总目标(都市农业发展)的相对影响权重达到0.428 6,说明市场的需求因素是影响都市农业发展速度、发展规模的主导因素。这个结果不难理解,根据对经典营销理论的解析,市场经济的核心是交换,交换的前提是买方的需求(Philip Kotler et al.,2017),因此可以判断,影响都市农业发展的最重要因素(决定性因素)源于市场买方。而供给侧因素对总目标(都市农业发展)的影响权重为0.288 6,说明供给侧的质量、供给水平对都市农业的发展也有非常重要的影响。政府政策因素对总目标(都市农业发展)的影响权重是0.155 1,说明政府对都市农业的引导和规划设计在一定程度上影响了都市农业的发展,是平衡供给侧和需求侧水平的重要力量。其他社会因素对总目标(都市农业发展)的影响权重为0.117 8,说明社会氛围、配套设施与服务等对都市农业的发展速度也有一定影响,属于都市农业行业的外围影响因素。

从三级指标对总目标(都市农业发展)的影响权重总排序结果来看,影响都市农业发展最大的影响因子是C21市场规模,对总目标(都市农业发展)的影响权重达到0.147 7,市场规模的大小可以理解为消费者的支付总和,其从两个方面影响都市农业的发展,一是从都市农业的行业整体来看,只有达到一定的行业规模,都市农业才能被消费者充分感知和接受,才能形成良好的社会互动,即对消费者产生足够的影响氛围,才能吸引消费者的参与,进而促进都市农业的发展;二是从具体的企业角度来看,一个企业必须有足够的消费者群体规模支撑才可能盈利,达不到规模效益的企业很难持久生存。影响都市农业发展的第二大影响因子是C22消费者的认知,其对总目标(都市农业发展)的影响权重达到0.124 2,这说明消费者对都市农业的认知水平极大影响都市农业的发展,只有需求侧消费者的认知水平达到一定程度,才能拉动都市农业的快速发展。排在第3～5位的三级影响指标为C14都市农业企业的供给能力与意愿、C24消费者体验与感知质量和C13都市农业企业的技术投入,这3个三级指标分别来自供给侧和需求侧,对总目标(都市农业发展)的影响权重为0.106 7、0.104 5和0.081 1,说明供给侧和需求侧是影响都市农业发展的最为重要的二级指标。排在第6～9位的三级指标为C32扶持与补贴政策、C23消费者的支付能力、C12基础设施与资金投入和C41社会文化氛围的影响,其影响权重分别为0.064 0、0.062 1、0.057 3和0.052 2。各级指标的影响权重和总排序如表 5 - 7 所示。

表 5 - 7 影响因素总排序

影响因素	B1 (0.288 6)	B2 (0.438 6)	B3 (0.155 1)	B4 (0.117 8)	总权重	总权重排序
C11	0.150 9				0.043 5	14
C12	0.198 6				0.057 3	8
C13	0.280 9				0.081 1	5
C14	0.369 6				0.106 7	3
C21		0.336 9			0.147 7	1
C22		0.283 3			0.124 2	2
C23		0.141 6			0.062 1	7
C24		0.238 2			0.104 5	4
C31			0.327 5		0.050 8	10
C32			0.412 6		0.064 0	6
C33			0.259 9		0.040 3	12
C41				0.443 4	0.052 2	9
C42				0.169 2	0.019 9	13
C43				0.387 4	0.045 6	11

从二级指标的影响权重看,需求侧对都市农业发展的影响权重最大,供给侧次之,这说明影响都市农业发展的两个行业内部因素是主要的决定因素。政策因素对都市农业的引导、扶持和监督,在一定程度上起到平衡、协调供给侧和需求侧的功能,其作用非常明显;而都市农业的社会氛围、专业人才培养等,作为行业外围的支持因素,也在一定程度上影响都市农业的发展速度、方向和具体的实现路径。

从三级指标的影响权重看,需求侧的市场规模情况、消费者认知、消费者的支付能力等,是决定都市农业发展规模、发展速度和具体实现形式的最重要因素,即需求拉动是决定都市农业的发展核心因素。同时,供给侧的能力能否匹配需求侧的具体要求,则影响都市农业发展的水平和质量。政策因素、社会氛围等也对都市农业的发展起到调节、支持作用。

5.5 本章小结

本章构建了都市农业发展因素指标体系并进行求解。在构建指标体系时,遵循系统性原则、典型性原则、科学理论支持原则、可量化原则和方便可行原则。

研究者将复杂的都市农业发展问题作为一个整体系统,通过层次分析法进行进一步研究,经过专家集体讨论,认为影响都市农业发展的因素主要包括供给侧因素、需求侧因素、政策因素以及影响都市农业发展的其他社会因素4个方面(二级指标),研究者与各位专家一起对这4个二级指标进行了进一步细化,将其分解为14个三级指标,构建完成了都市农业发展因素的指标体系。一级指标即为都市农业发展,是希望解决的总目标。二级指标包括供给侧因素、需求侧因素、政策因素以及影响都市农业发展的其他社会因素4个方面,这4个二级指标是分析解决总目标的次级指标。对4个二级指标进一步分解成可直接观测或量化的三级指标,其中供给侧因素进一步细化为区位与土地因素、基础设施与资金投入因素、技术投入(包括生产、管理技术等)因素和都市农业经营者的能力与意愿等4个三级指标;需求侧因素进一步细化为都市农业的市场整体规模、消费者对都市农业的认知、消费者的支付能力和消费者体验与感知质量等4个三级指标;政策因素进一步细化为都市农业的布局规划设计、扶持与补贴政策和税收优惠政策等3个三级指标;其他社会因素主要包括都市农业的社会文化氛围、配套设施与服务和人才培养与储备等3个三级指标。

为了便于层次分析法的使用,采取5级等级差分法对各要素进行两两比较,根据判断规则和专家意见打分表(专家采用背对背的方式,根据自己的认知情况,对各二级、三级指标的对比关系进行打分),形成判断矩阵打分表。研究者采用均值法对各位专家的评分意见进行综合整理,最后确定了各二级、三级指标间的打分矩阵关系,形成了综合所有专家意见的指标判断矩阵评分表,最后建立了本研究的指标体系判断矩阵,并输入层次分析软件中进行计算。判断矩阵都较好地满足了单排序一致性检验,对其进行总排序并进行一次性检验,其一次性结果也通过验证。

从4个二级指标影响因素排序来看,需求侧因素对都市农业的发展影响最大,对总目标(都市农业发展)的相对影响权重达到0.428 6,说明市场的需求因素是影响都市农业发展速度、发展规模的主导因素;而供给侧因素对总目标(都市农业发展)的影响权重为 0.288 6,说明供给侧的质量、供给水平对都市农业的发展也有非常重要的影响;政府政策因素对总目标(都市农业发展)的影响权重是 0.155 1,说明政府对都市农业的引导和规划设计在一定程度上影响了都市农业的发展;其他社会因素对总目标(都市农业发展)的影响权重为 0.117 8,说明社会氛围、配套设施与服务等对都市农业速度也有一定影响。

从三级指标对总目标(都市农业发展)的影响权重总排序结果来看,影响都市农业发展的两个最大的影响因子是 C21 市场规模和 C22 消费者的认知,对总目标(都市农业发展)的影响权重分别达到 0.147 7 和 0.124 2,排在第 3~5 位的三级指标为 C14 都市农业企业的供给能力与意愿、C24 消费者体验与感知质量和 C13 都市农业企业的技术投入,这 3 个三级指标对总目标(都市农业发展)的影响权重为 0.106 7、0.104 5 和 0.081 1。排在第 6~9 位的三级指标为 C32 扶持与补贴政策、C23 消费者的支付能力、C12 基础设施与资金投入和 C41 社会文化氛围的影响,其影响权重分别为 0.064 0、0.062 1、0.057 3 和 0.052 2。

第6章 我国都市农业发展现状与存在的问题

在充分利用相关文献研究资料的基础上，研究者对文献进行了梳理、归纳和总结，对相关领域的学者开展了非结构型专家访谈，进而建立了理论分析模型，并构建了都市农业发展影响因素的层次分析模型。在此基础上，研究者设计了针对都市农业供给侧的访谈提纲和针对市民消费者需求侧的调查问卷（详见附录2和附录3），以便进一步了解实际情况，验证理论假设，进一步寻求具有较强针对性的解决都市农业发展问题的对策。

6.1 调研组织过程及样本基本情况

6.1.1 访谈及问卷调研的组织过程

（1）针对都市农业供给侧的访谈。研究者对13家都市农业企业（采摘园、农家乐）开展了都市农业供给侧情况结构型访谈调研。研究者于2021年五一劳动节假期期间，挑选了8名沟通能力比较强、有一定责任心、愿意参与调研实践的在读本科学生，利用假期回乡探亲时间或者与家人电话、微信联系等，进行了针对都市农业供给侧的专题调查。本次针对都市农业供给侧的结构性访谈，平均访谈时长63分钟。访谈提纲主要包含4个方面的主要内容，一是被访谈者的基本情况，如投资额、员工数、品类、面积、产量、生产特点等情况；需要的资金、场地、设备设施、人员及其他投入情况；近3年销售额与收益情况；所从事的都市农业的特点（季节性、定位人群、客户和消费者情况等）。二是对都市农业的看法、感受和实际运营情况，比如如何看待都市农业、如何推广项目；在都市农业市场推广（销售）遇到了哪些问题以及解决的措施等。三是了解当前都市农业的问题和限制因素，如询问当前都市农业遇到的最主要问题,如资金、技术、知识、人才、自然条件限制、市场竞争、消费者、运输、产品质量、政府采取的措施存在哪些不足等。四是询问被访谈者对都市农业的期待和对未来发展趋势的判断,如何吸引更多的市民消费者、都市农业发展的保障措施等。

(2)针对市民消费者需求侧的调查问卷。研究者将文献中具有共性的研究角度和调查问项进行了综合整理,结合对专家的访谈情况,形成了由 160 余个问题组成的初始问卷。研究者将初始问卷中的问题进行筛选、删减,最后形成了调查使用的最终问卷。最终问卷分为 3 个部分,共由 25 个问题组成。第 1 部分主要是市民消费者的个人信息;第 2 部分是市民消费者参与都市农业活动的情况,包括参与都市农业活动的次数、在景区等都市农业活动场所停留的时间、感知到的问题和消费满意度等;第 3 部分中包含了 8 个 5 分李克特量表,主要调查消费者对都市农业的态度、未来期望等。要求被调查者根据实际情况打 1~5 分,从 1 到 5 分别表示非常不同意、不同意、基本同意、同意、非常同意。为了保证本问卷的合理性与科学性,便于被调查者的理解,本问卷在正式发放之前进行了问卷的前测,并就反馈的意见进行了整理,再次就问卷的问项内容广泛征求意见并进行了修改。由于受研究时间所限和疫情影响,线下调研难以开展,研究者于 2021 年 5 月 9 日至 5 月 13 日,通过网络发放问卷的方式(问卷网址 https://www.wjx.cn/jq/116791524.aspx)组织了线上的调研,共回收有效问卷 364 份,有效率为 100%,问卷平均填答时间为 292 秒。为了控制线上调查数据的质量,研究者进行了一些限制,如每个手机或电脑只能填写一次等,对填写问卷的被调查者的限制,保证了本次调研的数据更加真实可靠。

6.1.2 样本情况

本次针对市民和消费者的都市农业需求侧调研,通过网络发放问卷的方式组织发放,共回收有效问卷 364 份,有效率为 100%。被调查者来自上海市;北京市;黑龙江省哈尔滨市、大庆市、牡丹江市、佳木斯市、绥化市等;湖南省长沙市、岳阳市等;河北省保定市、邯郸市等;河南省郑州市、开封市、焦作市等;广西壮族自治区钦州市、桂林市等;内蒙古自治区呼和浩特市、赤峰市等;贵州省毕节市、遵义市等;广东省广州市、深圳市、佛山市、惠州市等。样本来源涵盖全国 20 余省、直辖市、自治区,被调查者年龄结构合理、性别比例合适,具有较好的代表性。样本基本特征如表 6-1 所示。

表6-1 样本基本特征

项目		频数	频率(%)
年龄	①17岁及以下	3	0.82
	②18~24岁	48	13.19
	③25~30岁	34	9.34
	④31~40岁	94	25.82
	⑤41~50岁	118	32.42
性别	①男	151	41.48
	②女	213	58.52
家庭成员	①单身	38	10.44
	②二人世界	43	11.81
	③三口之家	165	45.33
	④四人及以上	118	32.42
学历	①初中及以下	38	10.44
	②高中(中专)	75	20.60
	③大学	225	61.81
	④研究生及以上	26	7.14
职业	①公务员/事业单位职员	148	40.66
	②自由职业者	52	14.29
	③企业职员	37	10.16
	④企业高级管理人员	11	3.02
	⑤个体经营者	23	6.32
	⑥普通工人	29	7.97
	⑦学生	32	8.79
	⑧其他	32	8.79
家庭收入	①≤3 000元	39	10.71
	②>3 000元且≤4 500元	81	22.25
	③>4 500元且≤6 000元	80	21.98
	④>6 000元且≤10 000元	91	25.00
	⑤>10 000元	73	20.05

6.2 都市农业的发展现状

6.2.1 都市农业活动的形式丰富

都市农业的发展模式和思路上,有"精品农业""设施农业""观光农业""创汇农业""籽种农业""加工农业"等实现渠道(皮婧文等,2020)。在具体的形式上,有果蔬采摘、农业休闲观光旅游、特色农家菜餐饮体验、垂钓狩猎活动等多种活动形式。调查显示,当前我国都市农业活动形式较为丰富,高达58.52%的被调查者表示,过去一年曾参加过采摘草莓、西红柿、香瓜、萝卜等果蔬的活动;高达51.10%的被调查者表示,过去一年曾到访过都市农业园观赏。这种休闲旅游可以使消费者在较短时间获得较为满足的休闲体验。有近半数(43.96%)的被调查者表示,过去一年体验过特色果蔬品尝、农家菜品尝,参与地点一般是在农村或近郊的农庄、农业采摘园、度假村等。调查中还发现,除了常见的都市农业活动,还有部分被调查者参与了农业科普教育活动、参观了民俗展览、观看了民俗表演等(一般是和家人尤其是孩子一起),还有部分被调查者参与了在都市农业园区举行的素质拓展训练等(一般是年轻人,尤其是刚入职企业的大学毕业生),有8.24%的被调查者表示曾经向农民租地,同时聘请农民以有机耕作方式种菜,以便获取高品质果蔬;甚至有3.85%的被调查者向农民租地,自己(及家人、朋友)亲自耕种、采摘,体验农业活动的乐趣,如表6-2所示。

表6-2 都市农业的活动形式

在过去一年里参与过的都市农业活动形式(多选)	频数	频率(%)
①果蔬采摘	213	58.52
②到农业园休闲旅游,观赏	186	51.10
③向农民租地,自己(及家人、朋友)亲自耕种、采摘等	14	3.85
④向农民租地同时聘请农民以有机耕作方式种菜	30	8.24

表 6 - 2(续)

在过去一年里参与过的都市农业活动形式(多选)	频数	频率(%)
⑤特色果蔬品尝、农家菜品尝等餐饮体验	160	43.96
⑥购买一些土特菜品,请农民老乡帮忙加工、制作	75	20.60
⑦垂钓、狩猎等休闲活动	73	20.05
⑧民俗欣赏(民俗展览、手工制作、民俗表演等)	54	14.84
⑨素质拓展训练	44	12.09
⑩科普教育活动	73	20.05
⑪其他	5	1.37

如在海南省东方市从事水果采摘工作的王先生介绍,其农业园提供品类主要有蜜瓜(哈密瓜、香妃蜜瓜、椰香小蜜瓜)、火龙果、台湾小杧果等,其中蜜瓜一年可收获 4 次,火龙果需要 4 年时间才能开花结果,台湾小杧果需要 3 年左右。这些水果具有明显的区域特色,一般地区无法种植,吸引了不少消费者(多为外地旅游者)参观、采摘,因此采摘园的定位人群是在本地租房过年的外地游客或者来海南养老的老年消费者。海南人口流动性大,10 月至次年 3 月人员居多,4~9 月人员减少,而都市农业是季节性农业,春节期间能够赶上瓜果成熟,这阶段也是游客比较集中的时间,游客现采现吃,还可以自己种植并体验"乡下生活",都比较喜欢这种形式。

6.2.2 消费者获取信息的途径多元

都市农业相关信息的传播渠道、覆盖范围和传播效率,极大影响都市农业受众(消费者)的反应。调查显示,高达 71.98% 的被访者是通过亲友推荐而获取到都市农业活动的相关信息,这说明在都市农业领域,口碑营销至关重要。著名的 5T口碑营销传播理论指出,口碑营销的效率和效果与讨论者(talker)、话题(topics)、工具(tools)、参与(taking part)、跟踪(tracking)密切相关(陈媛,2020),亲友推荐是主要的口碑传递途径。42.31% 的被访者表示,他们是通过电视、广播、报纸、宣传册等传统广告传媒获取都市农业相关信息的,这说明传统媒体的影响力仍然不容小觑。34.07% 的被访者表示,他们是通过互联网获取相关信息的,有 20.33% 的被访者表示是通过抖音、快手等社交类新媒体平台获取相关信息,这说明互联网和新媒体在都市农业相关信息传播中扮演重要角色。12.09%的被调查者和9.34%的被调查者表示,他们是通过旅游类 App 和旅行社获取的相关信息,这个比例不高,说明旅游类 App 和旅行社渠道没有被都市农业供给侧广泛使用,没有取得消费者的关注。具体情况如表6－3所示。

表6－3　消费者获得都市农业相关信息的途径

获得都市农业相关信息的途径(多选)	频数	频率(%)
①电视、广播、报纸、宣传册等传统广告传媒	154	42.31
②互联网网站	124	34.07
③亲友推荐	262	71.98
④旅行社	34	9.34
⑤旅游类 App	44	12.09
⑥抖音、快手等社交类新媒体平台	74	20.33
⑦其他	12	3.30

黑龙江省大庆市孙家采摘园负责人孙先生在访谈中表示,他之前是利用大棚种植黄瓜和西红柿的,有一些客户资源,也掌握一些农产品种植技术,近几年草莓的价格比较高、利润比较大,就整合资源做了草莓采摘园。现在已经经营草莓采摘园5年,项目客源较为稳定,前两年以发传单和去集市推销自己的产品这种推广方式为主,到后期客源逐渐稳定,且老客户经常会带新客户,随着近几年新媒体营销方式被逐渐推广,他已经开始采用微信朋友圈和抖音短视频等形式来宣传和推广自己的产品。

6.2.3　消费者交通工具以私家车为主

道路设施情况和交通工具的选择影响都市农业园区的可达性,极大影响都市农业消费者的参与热情。调查显示,高达65.93%的被访者乘坐私家车去往都市农业园区,这一方面说明当前私家车数量庞大,使用便捷;另一方面也是由于都市农业园区多处于城市近郊,地理位置决定了私家车是比较合适的交通工具。同时,有9.89%的被访者乘坐公交车到达都市农业园区,说明城市近郊公共交通非常发达,方便没有私家车或者不方便乘坐私家车的消费者参与都市农业活动。8.79%的消费者(可能多为外地游客体验当地特色)通过乘坐旅行社统一组织的大巴车到达都市农业园区,也有小部分消费者通过自行车、步行等绿色出行方式参与都市农业活动。如表6-4所示。

表6-4　都市农业消费者使用的交通工具

都市农业消费者使用的交通工具	频数	频率(%)
①旅行社统一组织(大巴车)	32	8.79
②私家车	240	65.93
③公交车	36	9.89
④出租车	9	2.47
⑤自行车	15	4.12
⑥步行	29	7.97
⑦其他	3	0.82

在访谈哈尔滨市南岗区红旗满族乡从事农家乐生意的孙先生时,他给研究者展示了近年来他总结的一些记录材料,据他统计:到孙家大院(孙先生经营的农家乐饭庄名)的消费者,有约80%是开私家车来的,孙家大院负责给免费刷车;有10%是骑自行车来的,他们是常年骑车锻炼的骑行爱好者;还有10%是乘坐出租车、旅行社的车或者包车来的。孙先生家族兄弟姐妹4人均从事都市农业的相关工作,他目前经营着一家3层、约400平方米的农家乐饭庄,还有3 000平方米的有机蔬菜(菠菜、生菜、油菜、黄瓜、西红柿等)采摘园、1 200平方米的食用菌(主要是金针菇、平菇和香菇)暖棚,消费者可以采摘完直接在农家乐饭庄烹饪,也可以买走。秋季,孙先生的农家乐饭庄还可以提供鲜玉米、萝卜、白菜等地产蔬菜,近两年采摘完直接买走的消费者越来越多。停车需求日益增加,为了方便消费者停车,孙先生特意把院子里约120平方米的路面进行了水泥硬化改造,可以同时停14辆车,方便游客和消费者。

6.3 都市农业发展中存在的问题与不足

6.3.1 供给侧的问题

(1)生产经营和管理技术落后。都市农业受自身生产经营特点、经营规模、投资回报周期的影响,对经营管理提出了较高要求。设施农业是新时期现代化都市农业发展的重要模式之一。目前我国温室面积占世界比例超过 80%,设施蔬菜产量占到全国蔬菜总产量的 30% 左右,由此可见,设施农业拓宽了农民就业增收渠道(王京波,2020)。研究者访谈了黑龙江省佳木斯市以设施农业种植蔬菜的暴先生,他认为,缺乏技术支撑严重影响了设施型都市农业的发展,他所在区域没有相关的技术人才指导、种植技术讲座等,造成了蔬菜品质的缺陷,缺乏市场竞争力。首先应加大对种植技术、推广方法上的支持,同时帮助减少产品销售过程中存在的过多中间商的问题,实现供需产业链的简化。产业化、规模化管理销售市场,避免压缩供给侧的利润,给予一定的资金补贴。定期组织开展农业种植讲座、培训,组织参观优秀都市农业基地,引导传统农业进行转型升级,多多参与到都市农业当中来。

(2)融资渠道狭窄。都市农业需要投入较多的生产和流动资金。北京市昌平区经营草莓采摘园的三哥农场负责人林先生认为:“制约都市农业经济发展的最主要问题仍然是资金问题,资金不足导致农场无法扩大规模,无法提高专业技术和专业设施,使都市农业的发展受阻。由于资金是发展都市农业所遇到的主要问题,迫切希望政府能够对都市农业的小微企业给予贷款上的扶持,在信贷方面给予政策上的倾斜。从业者对政府的政策了解不足,也没有渠道去了解政府在都市农业方面的政策,一些惠农政策无法覆盖到都市农业的小微企业。大城市周边对游客有限制措施,疫情时期本就不多的客流量,必然有一定损失。由于没有足够的资金,无法扩大规模,有时产品的生产跟不上需求。加之对绿色和有机有一定要求,但对于农残的检测和认证需要多时间段多次检测,检测费用高而且缺乏有效的和有说服力的机构出具证明。认证为绿色有机食品生产者所需要的认证过程过多、时间过久,一些小微型企业根本不足以支撑全生产阶段的检测。"

海南省东方市从事果蔬采摘生意的王先生也表达了同样的观点:"资金在第一笔投入之后,种植产出时还需要不断地投入,开始时基本就是赔钱,借了贷款也不够,市场价格不稳定,人员流动性太强。有可能今天瓜的价格是 3 元/斤,明天就是 2 元/斤,价格很不稳定,每次卖瓜都胆战心惊,生怕明天价格又高了、卖亏了,或者又害怕再不卖瓜烂在地里了。而且天气对水果影响太大了,因为今年(2020 年)冬天是冷冬,整个瓜棚里的产量下降了一半多,价格也不是很好,投资没有及时收回,这更加增加了我们的资金压力。"

(3)获利能力不足,都市农业经营成本居高不下,收益小。北京市昌平区经营草莓采摘园的三哥农场负责人林先生坦言:"都市农业投入大、风险高。我的草莓采摘园位于北京市昌平区,距离市区 30 千米,目前栽种面积 10 亩[①]多,这个园区初期投资 70 万左右,每年还需追加投资 20 万左右,目前有员工 22 人,主要以精耕细作的方式为主,注重品质,保证以相对绿色的生产方式生产,产量不高。在主要支出上,以人员开支占大部分,同时对农具、农机、灌溉系统、冬夏控温系统以及种子、化肥的投入也不少,由于疫情,今年总体看,收益情况不乐观,还是亏本的状态。"

黑龙江省佳木斯市暴先生也讲述了类似情况,暴先生经营的农业园投资额在 15 万元,固定员工 6 人、浮动员工 10 人,种植蔬菜的种类有 10 种,每年需要资金 7~8 万元,设施设备主要是运输车辆、耕地设备、灌溉设施,员工主要是家庭成员,土地额外承包费用、人工费、化肥以及种子等采购费是其他主要投入。资金周转困难,如果想要种植反季节蔬菜、高品质的蔬菜,那么就要投入资金建设节能温室等,并且大棚种植前期资金投入大,回收成本时间长。人工成本居高不下是影响都市农业获利水平的重要因素。如山东省菏泽市经营葡萄采摘园的王女士说:"我家开展葡萄种植已经有差不多 30 年的历史,现在经营着 2 亩巨峰葡萄园,因需要照顾家中的老人、孩子,外出就业不便,选择了留在家种植家乡有特色的葡萄。1 亩地葡萄生产投入成本 2 500 元以上,人工成本也很高。葡萄从发芽到成熟基本上要 3 个月时间,销售葡萄要 1 个月左右。1—2 月份剪葡萄树枯枝,春节以后施肥一遍,为预防昆虫,此时需要喷洒一些可降解的农药。清明节以后发芽、施肥。5 月中旬开花,果粒有绿豆粒大小时,要将葡萄藤绑在铁丝上;将近黄豆粒大小时,需要大量施肥,每 3~4 天收拾一次葡萄杈,地里有草、野菜要及时除掉;为了防止农药损坏

---

① 1 亩 = 666.67 平方米。

葡萄枝,使用铲子等工具人工每个星期收拾一次。从 5 月开始,每 2 亩地至少需要一名经验丰富的劳动力每天从早忙碌到晚。葡萄产量根据气候有所不同,一般每亩地产量 4000～5000 kg,每斤葡萄价位在 2～3 元,每亩地大概收入在 8000～10 000 元。因为葡萄成熟时间相对集中,来采摘的人也比较多,由于家里年轻劳动力大多出去打工了,留在家的多是一些老年人、照顾孩子难以外出的家庭主妇,这时候必须要雇人看管,给人开工资,就算一天给人 50 元,工程量太大,也很难从中获利。"

(4)基础设施落后,配套设施不足,卫生环境差强人意。都市农业的经营场地多位于城郊和卫星城,属于农村或者郊区,农村公共服务普遍存在滞后性,基础设施差,农村街道、建筑布局不规整,农村绿地、美化与城市相比仍有很大差距,部分村庄周边垃圾、废弃物长期占地堆放,农村环境脏、乱、差问题仍然比较突出,与发展现代都市农业和农村休闲旅游极不协调。如黑龙江省哈尔滨市经营农家乐饭庄的李女士所说:"我家这属于香坊区幸福镇,距离主城区不到 6 km,但是从公滨路下来,这 2 km 都是土路,晴天一身灰,雨天一身泥,一到下雨天就没人来吃饭了,我最怕就是天气不好。秋季时候我还卖点自产的水果和林地自己采摘的蘑菇,天不好没游客来,卖不出去还容易烂。"

(5)特色不足。都市农业经营方式单一、没有形成多元化发展,如采摘园型的都市农业,从收入构成上看,仍然以门票收入、采摘销售和出售初级农产品收入为主,单一的蔬菜、果品采摘活动,受天气和环境变化影响较大,不利于都市农业长期稳定的发展。都市农业的特色是吸引市民消费者的利器,但是当前,都市农业雷同情况比较普遍。如山东省菏泽市经营葡萄采摘园的王女士说:"我们经营的项目可替代品充斥着市场,葡萄大批成熟季节,外来廉价品种葡萄充斥着已经饱和的市场,而且可替代水果西瓜的售价远远低于葡萄,使消费者对当地巨峰葡萄的需求更是减少。我们在宣传时强调自家栽种,农药化肥含量相对较少,一般仅喷洒对人体妨碍较小、残留度较低的可降解农药,让消费者放心,这样也是希望让消费者知道我们与众不同。"

(6)服务能力不高。都市农业的一个重要职能是"生活"功能,对多数人来讲,休闲旅游不只是"逛景点、品美食、买礼物、住宾馆"的简单行为叠加,而是通过休闲活动,在放松身心的同时,感受与自己日常生活完全不同的生活模式。以接待消费者参观旅游为主要经营项目的都市农业,旺季时由于受到接待能力的限制,无论是饮食、住宿还是出行,都难以保证消费者获得良好的旅游感知质量。仅以餐饮服务来说,由于受到接待能力、餐厅的面积、餐饮服务人员规模、餐食瞬时提供能力等限制,消费者难以真正享受到期望的餐饮质量和服务水平。旅游旺季时,住宿环境可能会变得拥挤、嘈杂,甚至卫生条件也会变差。同时,部分景区还存在恶意宰客的现象,使得消费者的感知质量明显降低。按国家标准要求,旅游景区要有完善的安全保障措施,配备灭火器、防护服、救生设备等,应该设置医疗室或医疗救助机构,有条件的大型景区还要配备专业的医护人员。但是,旅游旺季时,景区内游客较多,人均旅游资源不足,可能导致消费者难以获得足够的休闲空间、旅游设施、游乐器械等保障;旅游淡季时,由于旅游者较少,经营者也可能短期撤离,餐饮、住宿等服务水平大幅下滑。同时,由于淡季时景区内人员稀少,旅游者可能无法得到足够的安全保障和紧急医疗服务,一旦遇到意外危险难以得到及时的救助(郝文艺,2019)。

  对市民消费者的调研,进一步证实了都市农业供给侧存在的问题,高达56.04%的被调查者认为,都市农业的基础设施不完善,如道路崎岖不平、排水不畅、烟尘较多、异味严重;住宿条件较差、卫生间少,很多消费者表示与预想差距较大。38.19%的消费者认为都市农业所在地交通不够便利,虽然多数消费者是乘坐私家车前往,但道路条件不佳对车身伤害较大。以经营果蔬采摘为主的都市农业园,采摘品种比较单一、缺少多样性,消费者没有更多的选择空间,如表6-5所示。

表6-5　都市农业存在的主要问题

当前都市农业发展存在的主要问题(多选)	频数	频率(%)
①交通不够便利	139	38.19
②基础设施不完善	204	56.04
③景观效果不理想	109	29.95
④娱乐活动缺乏趣味性	116	31.87
⑤采摘品种少,缺少多样性	153	42.03
⑥消费性价比低,总体消费不合理	103	28.30
⑦卫生状况难以让人满意	80	21.98
⑧安全得不到保障	53	14.56
⑨服务水平不高、服务不到位	73	20.05
⑩其他	7	1.92

6.3.2 需求侧的问题

(1)市场规模不足。市场规模是保证产业发展的最主要基础之一,在形成市场的因素中,买方的需求是决定性的(Philip Kotler et al. ,2017),因此消费者对都市农业的需求强度,决定了都市农业的市场发展规模、发展方向和速度。当前,都市农业的市场规模仍然不大,都市农业的整体产值不高,消费者在都市农业活动场所的停留时间较短、参与都市农业活动次数较少。调查中发现,近90%的消费者在都市农业活动场所的停留时间在24小时以内,32.14%消费者停留时间仅为半天,14.01%的消费者停留时间仅为几个小时,而停留时间往往与消费者的消费支出有密切关联,这说明消费者参与都市农业活动的人均消费支出较少,如表6-6所示。

表6-6 消费者在都市农业活动场所的停留时间

停留时间	频数	频率(%)
①低于半天	51	14.01
②半天	117	32.14
③一天	156	42.86
④一天一夜及以上	40	10.99

与此同时,消费者参与都市农业活动次数也不多,调查显示,所有参与过都市活动的被调查者中,31.32%的消费者过去一年参与都市农业活动次数仅为1次,29.40%的消费者过去一年参与都市农业活动次数为2次,仅有22.80%的消费者过去一年参与都市农业活动次数达到3次,这说明消费者参与都市农业活动频率较低,还没有形成足够的市场规模,如表6-7所示。

表6-7 消费者参与都市农业活动次数

过去一年,参与都市农业活动次数	频数	频率(%)
①1次	114	31.32
②2次	107	29.40

表6-7(续)

过去一年,参与都市农业活动次数	频数	频率(%)
③3 次	60	16.48
④4 次以上	83	22.80

(2)消费者期望过高,对都市农业的理性认知有待提升。都市农业的消费者在参与都市农业活动前,往往具有较高的期待,但在实际参与活动时,可能会与预想有一定差距。如黑龙江省哈尔滨市道里区满钰采摘园负责人王女士介绍说,"我们的采摘园位于城市近郊,距离群力新区2公里,市民认为我们的设施条件应该很好,甚至有消费者认为,我们应该达到'摸不到灰尘、闻不到异味'的环境水准,但是实际并非如此,我们毕竟是农村,确实有很多地方达不到市民的期望。消费者多次提到采摘园内没有铺设硬化路面,农家乐餐厅桌椅简陋、厨房卫生条件不好,没有冲水式厕所,园区内也没有宽阔的停车场和游乐场,导致游客停车不便、小孩没有活动场所,在一定程度上降低了消费者的满意程度,也有部分消费者表示有些失望,如何向消费者解释,这也是一直困扰我们采摘园的难题。"

(3)消费者对都市农业的价格认知偏差。黑龙江省哈尔滨市经营农家乐饭庄的李女士介绍说:"许多消费者存在这样的错觉,他们(消费者、游客)认为,你开农家乐用的房子是你自建的,菜是你自己家菜园摘的,整个饭庄没有厨师、没有服务员,全是你自己家人在经营,无须付工资,也没有什么成本投入,那价格理应很便宜啊!你的饭菜价格怎么可能比市内饭店还贵呢?"这也是很多消费者的疑问,其实对于这些农家乐经营者来说,他们不能外出工作,仅依靠农家乐的收入维持生活,加之这种都市农业的季节性比较明显,他们的收益时间较为集中且持续较短。因此出现了经营者没赚到钱,消费者还认为价格极高的情况,消费者对都市农业的价格认知存在偏差,往往低估了都市农业经营者的成本投入、高估了他们的收益情况。

(4)市民消费者黏性不足。满足顾客其他的需求以及个性化的要求,企业要改变以往消费者被动消费的营销模式,一切以消费者为核心,主动围绕客户的需求来开展一系列的活动,满足他们的个性化需求,从而来获得顾客的信任。企业可以通过消费领域的价值共创来增加消费者黏性,顾客和企业一同创造体验价值,顾客在体验的过程中不仅获取产品,获取体验价值,增加客户的愉悦感,同时对都市农业产生认同感,从而提高消费者的满意程度,增加顾客的黏性(弓萍,2020)。

6.3.3 政府引导与监督管理的问题

(1)基础设施建设滞后。基础设施是为社会生产和居民生活提供公共服务的物质工程设施,是保证国家或地区社会经济活动正常进行的公共服务系统,包括交通、邮电、供水供电、商业服务、科研与技术服务、园林绿化、环境保护、文化教育、卫生事业等市政公用工程设施和公共生活服务设施等①。任何产业的发展都离不开配套设施的支撑,完善的基础设施条件对新建、扩建的项目至关重要,特别是远离城市的项目和基地建设。都市农业项目一般位于城市近郊和农村,其道路交通、卫生状况、给排水系统、餐饮和住宿条件等,与中心城市相比确实比较落后,还有很大提升空间。当前看,多数城市的都市农业基础设施建设滞后,在一定程度上制约了都市农业的发展速度和空间布局。

(2)针对性的扶持措施较少。当前,都市现代农业发展面临的最大障碍之一是缺乏强有力的农业市场主体和农业服务体系,尽管当前专业大户、家庭农场、合作社、龙头企业等新型农业经营主体快速成长,已成为都市现代农业发展的重要支撑力量,但总体上仍然存在数量不够、实力不强、带动力不足的问题,产业服务体系还不完备(郭晓鸣,2020)。针对新型经营主体培育和创新农业服务体系建设,支持专业大户、家庭农场和农民合作社发展的针对性扶持措施较少,都市农业规模化经营水平仍然不高。

(3)政府部门规划引导不足。随着我国城市规模的不断扩大,城市周围的大量耕地转变为建筑用地、工业用地,生态环境被破坏。都市农业属于综合型产业,是将农业作为基础的娱乐、观光等活动,可在休闲中缓解身心压力。都市农业位于都市与其延伸区域,是为都市服务的农业。研究发现,与城市距离 100 千米,之内的都市休闲农业园是城市居民旅游观光的主要区域。都市休闲农业大多利用城市郊区的土地、人文等资源,利用多种先进技术,建设具有娱乐、观光、度假等功能的新型农业园(王怡婉等,2018)。因此,对于都市农业的规划,尤其是引导不同区域的都市农业进行模式上的差异化设计,各地区需依据本地区交通情况、气候环境、生态资源、资金水平、耕地面积、与城市间的距离等因素,分析其是否具有发展都市休闲农业的空间。同时还需合理评估都市休闲农业开发价值,严禁盲目开发,这些

---

① https://baike.so.com/doc/1802444–1906063.html 基础设施。

都是促进都市农业发展的重要举措。

6.3.4 其他影响都市农业发展问题

(1)市民消费者对都市农业的热情不足,良好的社会氛围没有形成。在访谈和调查中发现,当前市民参与都市农业活动多是随意的,很多消费者囿于时间、经济成本等因素,对都市农业的偏好尚未形成。为使公众积极参与到都市农业活动中,除广泛宣传外,还必须建立良好的公众参与机制,为市民消费者提供一个交流平台,引导市民消费者参与政府规划,形成消费者、社会组织、媒体、政府部门、都市农业企业主体共同参与、互相影响、共同促进的都市农业发展氛围。在发展都市农业的问题上,一是引导公众依法通过各种渠道参与到都市农业的政策制定及执行过程中;二是引导公众深入了解都市农业发展对于构建低碳城市、可持续发展社会的重要价值,积极参与并广泛支持开展都市农业活动。通过引导公众积极参与都市农业,发挥农民和市民双向主体的作用,实现城乡交流融合发展(周灿芳,2020)。

(2)宣传力度小。都市农业发展不仅能够拓展农业领域,扩大农业就业以及农民增收和农业增效,而且能够丰富市民生活,优化城市生态,美化农村环境。随着城镇居民收入的增长,农产品消费占居民总消费的比例越来越低,如何将居民对农产品的消费变成对农业的消费,扩大农业消费占比,都市农业可以被大力宣传。但是当前,对都市农业的宣传力度较小,对都市农业的功能宣传不足,市民消费者对都市农业没有形成准确认知。

(3)人才培养滞后。都市农业发展需要的人才不仅要掌握传统农业科学知识、技术和技能,还需要掌握大量非农学科专业知识、技术和技能,比如计算机、外语、经济、法律、贸易、资源环境生态类知识等,还要具备沟通能力、协调能力、开拓能力和责任意识、竞争意识、创新意识等能力和素质(张晓慧等,2016)。当前,都市农业人才培养滞后,开展专业性都市农业人才培养的高校较少,加之专业之间、学院之间、学校之间资源共享不足,学生跨专业选择课程、辅修专业难以实现,导致人才培养中出现知识面越来越窄的倾向,难以满足社会发展对复合型人才的需求。

6.4　本章小结

本章主要讨论了我国都市农业发展现状和存在的问题。

研究者在对文献进行梳理、归纳和总结的基础上,对相关领域的学者开展非结构型专家访谈,建立了对都市农业发展影响因素的层次分析模型,设计了针对都市农业供给侧的访谈提纲和针对市民消费者需求侧的调查问卷。通过对13家都市农业企业(采摘园、农家乐)的访谈和对364份问卷数据的分析,厘清了当前都市农业的现状。一是都市农业活动的形式丰富,在具体的形式上,有果蔬采摘、农业休闲观光旅游、特色农家菜餐饮体验、垂钓狩猎活动等多种活动形式。调查显示,高达58.52%的被调查者表示,过去一年曾参加过草莓、西红柿、香瓜、萝卜等果蔬采摘活动;高达51.10%的被调查者表示,过去一年曾到访过都市农业园观赏(动植物);有近半数(43.96%)的被调查者表示,过去一年体验过特色果蔬品尝、农家菜品尝和农家餐饮;有8.24%的被调查者表示曾经向农民租地,同时聘请农民以有机耕作方式种菜,以便获取高品质果蔬;甚至有3.85%的被调查者向农民租地,自己家人和朋友亲自种菜、采摘、耕种,体验农业活动的乐趣。二是消费者获取信息的途径多元,高达71.98%的被访者是通过亲友推荐获取都市农业活动的相关信息,这说明在都市农业领域,口碑营销至关重要;42.31%的被访者表示,他们是通过电视、广播、报纸、宣传册等传统广告传媒获取都市农业相关信息的,这说明传统媒体的影响力仍然不容小觑;34.07%的被访者表示,他们是通过互联网获取相关信息;20.33%的被访者表示,他们是通过抖音、快手等社交类新媒体平台获取相关信息,这说明互联网和新媒体在都市农业相关信息传播中扮演着重要角色。三是消费者交通工具以私家车为主,高达65.93%的被访者是乘坐私家车去往都市农业所在地,这说明当前私家车数量庞大,使用便捷,都市农业的地理位置决定了私家车是比较合适的交通工具;有9.89%的被访者是乘坐公交车到达都市农业园区,说明城市近郊公共交通非常发达,方便没有私家车或者不便乘坐私家车的消费者参与都市农业活动;8.79%的消费者(可能多为外地游客体验当地特色)通过乘坐旅行社统一组织的大巴车到达都市农业园区,也有小部分消费者通过自行车、步行等绿色出行方式参与都市农业活动。

都市农业发展中也存在一些问题亟待解决。

一是供给侧问题。主要表现为生产经营和管理技术落后,缺乏技术支撑,严重影响了设施型都市农业的发展,应当给予对种植技术、推广方法上的支持,定期组织开展农业种植讲座、培训,组织参观优秀都市农业基地,引导传统农业进行转型升级;融资渠道狭窄,资金不足导致无法扩大规模,无法提高专业技术、增加专业设施,导致都市农业的发展受阻;获利能力不足,都市农业经营成本居高不下,收益小,在主要支出上,人员开支占大部分,同时农具、农机、灌溉系统以及冬夏控温系统、种子以及化肥的投入也不少,土地额外承包费用、人工费以及化肥、农药、有机肥和种子的采购费等其他主要投入导致资金周转困难,影响都市农业获利水平;基础设施落后,配套设施不足,卫生环境差强人意,农村街道、建筑布局不规整,农村绿地、美化距城市仍有很大差距,部分村庄周边垃圾、废弃物长期占地堆放,农村环境脏、乱、差问题仍然比较突出;特色不足,经营方式单一、没有形成多元化发展;服务能力不高,都市农业的基础设施不完善,道路崎岖不平、排水不畅、烟尘较多、异味严重,住宿条件较差、卫生间少,很多消费者表示与预想差距较大。

二是需求侧问题。主要表现为市场规模不足,都市农业的整体产值不高,消费者在都市农业活动场所的停留时间较短、参与都市农业活动次数较少。近90%的消费者在都市农业活动场所的停留时间在 24 小时以内,32.14% 消费者停留时间仅为半天,14.01% 的消费者停留时间仅为几个小时,消费者参与都市农业活动的人均消费支出较少;消费者期望过高,对都市农业的理性认知有待提升,都市农业的消费者在参与都市农业活动前,往往具有较高的期待,但在实际参与活动时,可能会与预想有一定差距;消费者对都市农业的价格认知偏差,往往低估了都市农业经营者的成本投入、高估了他们的收益情况;市民消费者对都市农业产生认同感低,黏性不足。

三是政府引导与监督管理的问题。主要表现为基础设施建设滞后,道路交通、卫生状况、餐饮和住宿条件等还有很大提升空间;针对性的扶持措施较少,都市农业经营主体总体上数量不够、实力不强、带动力不足,产业服务体系还不完备,都市农业规模化经营水平仍然不高;政府部门规划引导不足,对都市农业的模式差异化设计不足,需依据本地区交通情况、气候环境、生态资源、资金水平、耕地面积、与城市间的距离等因素,分析如何发展都市农业。

四是其他影响都市农业发展的问题。主要包括市民消费者对都市农业的热情不足,市民参与都市农业活动多是随意的,消费者囿于时间、经济成本等因素,对都市农业的偏好尚未形成;宣传力度小,对都市农业功能的宣传力度不足,消费者没有形成准确认知;人才培养滞后,都市农业的发展需要的人才不仅要掌握传统农业科学知识、技术和技能,还需要掌握大量非农学科专业知识、技术和技能,当前都市农业人才培养难以满足社会发展对复合型人才的需求。

第7章　都市农业的发展模式与实现路径

7.1　都市农业的主要类型

（1）休闲观光型

休闲观光型都市农业，一般是依托自然风光或者人造景观，利用天然的环境、地势和资源优势，辅之人为设计的建筑、设施等，可以满足人们的精神和物质需求，契合消费者对观赏、游玩、摄影、写生等的需求，为市民消费者、游客提供自然优美且能够让人身心放松的乡村旅游（农业旅游）休闲环境。都市农业充分利用区域独有的环境资源优势和农业要素，充分展示特色的风光、水系、山脉、植被等，以独一无二、与众不同的差异化自然景观来满足消费者回归大自然、放松身心的休闲观光需求。为人们提供观光旅游服务，可以丰富市民的农业科技知识，与农民交流农业生产经验，亲身体验农业生产劳动与农民生活，同时还可以享用农业生产成果。

（2）特色产业型

特色产业型都市农业聚焦于具有明显区域特色的农产品，把关联产业凝聚成一个生产链或者产业聚集区，使农产品更具特色化、丰富化，生产方式趋于集中化，提高了农产品的附加值，增强了市场影响力和竞争力。特色产业型现代都市农业集农产品生产、加工和销售为一体，是一种专业、集约、高效的农业形式（陈荟茜，2017）。

（3）生态采摘型

有机生态采摘型都市农业园是现代都市农业中比较常见的类型，多以家庭及中小型企业为主要经营单位，经营场所主要在城市近郊区，其休闲功能可能较为单一，但自然生态的特点能够吸引大批的城市消费者。有机生态采摘型都市农业一般以某种或几种果蔬为基础，以休闲、娱乐为纽带，集生态、旅游为一体，能够使游客在品尝到有机、无污染的果蔬食品的同时，尽情享受休闲娱乐时光。

（4）农业体验型

当前正处于体验经济时代，越来越多的消费者希望在参与都市农业活动时能够获取相应的文化感知、精神享受和生活体验。都市农业在消费者体验上应该具有三个特点：一是情感共鸣，即消费者在购买产品或享受服务时，希望其实际感知与预期情感需求一致；二是个性服务，即能针对不同个体提供个性化、定制化的都市农业服务；三是互动和参与，在都市农业项目设计时，要充分考虑如何实现互动性的全面提升。农业体验方式多种多样，主要有市民亲自栽培作物、体验农业生产流程（一般以收获阶段为主）、食品加工等。都市农业经营者根据游客的不同年龄阶段、不同的季节特征和天气条件，组织开展不同的农业活动，消费者通过参与身体力行的农业生产活动，体验农耕文明，让城市消费者从枯燥乏味的生活中解脱出来，感受与城市生活方式迥异的农业风情。

（5）设施农业型

设施农业是在环境相对可控条件下，采用工程技术手段，进行动植物高效生产的一种现代农业方式，即对农业生产的条件进行人为干预。无土栽培、实验室农业、垂直农业、阳台农业、屋顶农业等均可以视为设施农业，其经营模式呈现多样化的趋势。一是以科研教育为目的的科教型都市农业设施，如各个高校及科研机构中的研究人员，为取得真实的农业生产实验数据及开展农业科普教育活动建设的立体绿化实验室等。二是为改善城市环境，向居民提供无公害农产品的环保型农场，运营者一般以各个非政府性质环保组织为主，以实现绿色可持续发展的价值观为己任。三是为改善社区环境而建设的都市农业园，不但可以为周边社区提供就业岗位，还能改善社区环境，提高居民生活质量（聂健赟，2020）。

7.2 发展都市农业的主要模式选择

7.2.1 生产性为主的模式

（1）采摘农业。当前，在日常生活中，市民消费者对农产品的获取仍然以农贸市场、果菜市场和超市等渠道为主。近年来，随着生活水平的提高，采摘新鲜农产品已成为许多市民喜爱的休闲方式,成为现代都市农业发展中的一大变化。都市农业首先应具有农业的生产性特点,即生产农产品来满足人民的需要,以生产功能为主的都市农业尤其要体现出高效生产优质农产品的特点。同时,以生产功能为主的都市农业也要区分乡村农业,还要兼顾生态、生活、科教的功能(杨威等,2019)。

(2)出售生鲜农产品及其加工品为主的都市农业。生鲜农产品"安全、新鲜",一直是市民消费者关注的焦点,但是传统农贸市场、街边菜店难以保证生鲜农产品的品质。都市农业的发展为消费者寻求真正新鲜的农产品提供了新的渠道,一些以"现摘现卖""即摘即用(烹饪)"的都市农业园受到越来越多消费者的欢迎。同时,一些消费者也期望能购买到他们切实放心的加工农产品。一些都市农业园提供现场加工服务,得到了消费者的欢迎和认可。现代农业的出路在于农产品加工业,把农产品生产与农产品加工接续起来,是农业产品大幅度增值的过程,也是都市农业提升盈利空间的主要方式。因此,以出售生鲜农产品及其加工品为主的都市农业,应该重点考虑提升加工能力,或者与加工企业合作,实现"合作共赢"。

(3)设施型都市农业。设施农业是通过改变客观实际的自然条件,来营造种植作物的最佳环境(曹林奎,2020),如通过计算机控制实现模拟光照、自动喷淋、按需施肥、恒温控制等,这些技术的应用为作物生长创造了最佳外部条件。设施农业的主要特征是依靠信息技术投入、生产技术革新、生产硬件条件升级换代等方式,通过资金、技术和劳动力的整合,将先进装备技术、生产技术、管理技术和信息技术融合,集生产、加工、销售、服务等于一体,从而实现高产出的现代农业产业形式。

(4)市民农园。市民农园为市民消费者亲身参与、体验农业活动提供了可能,也称都市农园、城市小菜园等,一般是有土地使用权的主体将土地使用权流转给有需要的人,比如让市民承租农民的农地,供他们进行耕作体验,直接参与农业种植生产,亲身体验农业劳动过程。考虑到市民对交通便利性的需求和市民耕作能力有限等实际情况,市民农园多设在城市近郊,面积一般不大,以400~600平方米较为常见。这样的区域选择和面积设计,使得市民的经济投入和时间成本都比较低,更利于吸引市民消费者的参与。

7.2.2 生态性为主的模式

(1)循环农业。与乡村农业不同,生产性不是都市农业追求的主要目标,随着国家对生态保护的重视,在农业发展中不再仅仅关注农业生产的产量,而是更加重视生产与生态系统的平衡。现代农业的发展应该遵循"整体协调、循环再生、资源低耗、重视生态"的原则,"石油农业""化肥农业"等原始粗放的农业生产方式已经不合时宜,农业发展必须与城市生态环境匹配,强调都市农业生产与环境保护融合在一起,形成新型高效的生态循环农业,有利于都市农业的可持续发展。

(2)绿植公园。一般包括植物园、花卉公园、森林公园、森林氧吧、湿地公园等。这是以观赏植物、花卉、林木为主,结合人文景观建设的具有生态、休闲功能的农业复合生态体。如城市郊区的森林植物园,有着自然形成或者人为设计而成的多变的地形,优美的生态环境,以树木、花卉、植被、溪流等自然景观为主体,在适当位置辅助建设供市民休憩的长椅、空地、餐桌、秋千等,使人们在回归自然、体味自然美景的同时,休闲娱乐,放松身心。

(3)农业生态园。一般是以设施农业的形式,在一定区域范围内,通过集中规划建设,以单一品种植物为主,或者以非本地植物品种为主,这种类型的都市农业多采取收取入园门票的形式,让市民观赏、采摘、食用,或者销售产品。农业生态园一般兼具农业生产、生态改善与科普教育功能,如特色植物园、花海、药用植物园、北方城市的热带植物园等。农业生态园类型休闲农业的发展,带动了无公害、绿色、有机农业的发展和农业标准化生产,成为展示现代农业科技、先进农业设施、农业生物技术等的重要平台(黄慧德,2017)。

7.2.3　生活性为主的模式

(1)休闲观光农业园。休闲观光农业园是把农业生产与休闲观光结合起来的都市农业发展模式,实质是利用城市近郊的地理优势,以城市居民休闲娱乐的需求作为服务焦点,将农业与旅游业紧密结合,让市民在离家很近的地方接触自然。"农业＋旅游业"成为都市农业发展速度较快的新的业态形式,这种形式充分体现了休闲娱乐功能,将农业生态、绿色餐饮、假日休闲、农耕体验和民风民俗融为一体,为市民消费者在紧张的工作之余,提供休闲场所(尧珏等,2020)。

(2)民宿农庄。民宿农庄将都市农业体现的观光、休闲服务进一步延展,以吸引旅客住宿为目标,将都市农业从单一的休闲观光、参与体验等在时间维度上拓展,深度满足城乡居民消费者走进自然、认识农业、体验农趣的需求,成为传承中华农业文明、体验传统农业生产的载体,为城市居民提供体验农村生活的机会。

(3)阳台农业和屋顶农业。阳台农业和屋顶农业,是指市民利用房屋室内的阳台或者楼宇的屋顶,用盆栽、小面积承载工具种植一些花卉、蔬菜等。当前,阳台农业和屋顶农业的功能主要是观赏和休闲作用,生产作用一直没有得到重视。据测算,我国城市居民的现有阳台面积约11亿平方米,屋顶面积约98亿平方米,如果利用50%的面积进行农业生产,约54.5万公顷的土地,相当于几个农业大县的耕地面积,其生产潜力不容忽视(夏耀西,2017)。可以看出,阳台农业兼具观赏、净化空气、休闲等职能,还可释放巨大的生产潜能,是城市居民参与都市农业活动的可行方式之一。

7.2.4 综合性的都市农业发展模式

综合性的都市农业发展模式,兼具生产性、生活性、生态性,同时还体现科研、文化等功能,而随着互联网的发展,都市农业的发展则可能突破地域限制,形成跨区域的新型综合性都市农业。

(1)田园综合体模式。田园综合体是集现代农业生产、休闲旅游观光、农家居住体验、餐饮于一体的综合型都市农业发展模式,这是一种体现都市农业综合性功能的设计方式,一般是以生产果、菜、茶等农作物为主,经过科学合理的系统规划设计,充分利用当地特色农业资源和自然景观资源,如溪流、水塘以及特色植物、花卉、鸟类、昆虫、野生动物等,巧妙融入一些游乐项目、探险项目,开发为规模较大、功能齐全的休闲农场、度假农庄、垂钓乐园,全面满足市民消费者的观赏、采摘、耕作、住宿、餐饮和娱乐等需要。

(2)基于互联网的 CSA 模式。社区支持农业(community support agriculture,简称 CSA)是都市农业供给方(农民、农场、合作社或者农业企业等)与市民消费者互相支持、共同承担生产的风险并分享利益,一般是在确保环境保护的前提下,按照约定种植、生产健康食品,并按时向社区消费者配送安全的农副产品。从传统来看,都市农业的影响范围较小,一般是依托中心城市开展生产经营活动,随着互联网的普及,通过网络的链接作业和虚拟现实等现代技术的支撑,都市农业有望突破传统区域的限定,为都市农业未来跨区域发展提供了可能。

(3)科研实验性模式。都市农业主要体现生产性、生活性和生态性的特点,同时也承担着科学研究、知识传递、文化传承的功能,一些高等农业院校、农业研究机构通过开展小规模的都市农业实验项目,综合研发都市农业生产设备,验证都市农业运作技术,积累都市农业的运行经验,为在大范围推广都市农业、开展综合性的都市农业奠定基础。

7.3 都市农业的具体实现路径

由于各地的经济发展水平、自然资源条件、消费者认知的不同,都市农业发展的模式和具体的实现路径也不同。一般来看,都市农业的发展呈现较为明显的圈层式,即都市农业发展布局呈近郊、中郊、远郊逐渐向外扩展的递进布局。第一层是近郊区,一般距离城市 5 ~ 10 公里,交通便利、人流量较大,此类区域内多发展园艺、果菜种植等高档次种植业,观光旅游、休闲体验等都市观光业,还有公园、花卉观赏区、垂钓园等体验式类型。第二层是中郊区,一般距离城市 15 ~ 30 公里,在此区域内,农业自然资源比较丰富,自然形成的农业景观较多,并根据土壤特色和气候类型发展特色农产品基地,比如采摘园、农业教育基地、大规模的垂钓园和高科技园等侧重于体验的休闲项目。第三层是远郊区,一般距离城市 30 ~ 100 公里,此区域发展观景、森林、民俗、果品采摘等旅游、文化型产业(侯情,2015)。

调查显示,市民消费者对度假型、生产型、品尝型的都市农业充满期待,对观赏型、娱乐型的都市农业也非常渴望,如表 7 - 1 所示。

表 7 - 1 消费者希望开发的都市农业类型

消费者希望开发的都市农业功能(多选)	类型	频数	频率(%)	排序
①果蔬采摘	生产性	180	49.45	2
②农事体验	生产性 生活性	115	31.59	6
③品尝型(农家菜等)	生产性 生活性	159	43.68	3
④度假型(农业休闲)	生活性	222	60.99	1
⑤娱乐型(垂钓、狩猎)	生活性	130	35.71	5
⑥购物型(购买土特农产品)	生活性	57	15.66	10

表 7-1(续)

消费者希望开发的都市农业功能(多选)	类型	频数	频率(%)	排序
⑦健康疗养型	生活性 生态性	109	29.95	7
⑧观赏型(花卉、异域果蔬、奇花异草)	生活性 生态性	132	36.26	4
⑨绿化型	生态性	83	22.80	8
⑩花园型	生态性	72	19.78	9
⑪其他	—	3	0.82	11

从表 7-1 中可以看出,市民消费者对休闲度假型都市农业最为关注,属于以生活性为主的都市农业类型。这种类型的都市农业得到消费者的认可,主要原因有三个方面,一是随着居民收入水平的提高,休闲度假正在从中国老百姓的"调味盐""奢侈品",变成日常生活的"刚需",休闲旅游从"旧时堂谢王前燕",如今已经"飞入寻常百姓家",正如中国旅游协会会长段强所言:"休闲度假是中国旅游业未来发展的重要方向,发展休闲度假产业有利于丰富中国旅游业的类型,有利于增加中国旅游业的效益,有利于提高中国旅游业的整体竞争力,是实现中国旅游业高质量发展的必由之路。"①二是都市农业休闲游相对于长途旅行,消费者付出的经济成本、时间成本和精力成本不高,都市农业休闲活动具有明显优势,适合居民在周末或小长假出行,得到消费者认可和欢迎。三是突发疫情的影响,大规模、跨省跨区域的旅游者大流动有诸多限制,而城市周边的休闲度假则很好地降低了疫情带来的负面影响,近距离、低单价、方便快捷的近郊休闲度假游趋势明显。

消费者对采摘型、品尝型的都市农业也非常关注,这种类型的都市农业兼顾生产性和生活性的特点。这种类型的都市农业得到消费者的青睐,主要原因有两方面,一是消费者对高品质、无污染果蔬产品的渴望,二是对特色农产品即时加工的偏爱。"国以民为本,民以食为天,食以安为先",食品安全工作是一件涉及千家万户的大事,食品安全治理是关乎国计民生的大事。然而近几年来,涂蜡苹果、毒药姜、尿素豆芽等食品安全事件使消费者对食品安全格外关注,食品农药残留、有毒

---

① https://baijiahao.baidu.com/s? id = 1678635126377736960&wfr = spider&for = pc 休闲度假成为"刚需",旅游行业亟待涅槃重生。

有害物质含量超标,对人类生命的健康和安全构成极大威胁。食品质量安全问题多源于生产、加工环节,偶发在流通和消费环节,而采摘型都市农业生产的果蔬产品,完全遵照传统的绿色有机方式生产,消费者对自己采摘的农产品品质完全放心,这为以生产性为主的都市农业快速发展提供了契机。现采摘、现制作,"棚内蔬菜棚外果,农家饭菜端上桌",是一些都市农业经营者推出的新型服务,消费者把自己采摘的果蔬等农产品交给生产加工人员,不但能使果蔬的营养成分不流失,体现果蔬原料的本味,同时消费者可以全程监督烹饪过程,这也成了一些都市农业园吸引消费者的重要方式。

观赏型的都市农业兼具生活性和生态性的特点,体现了都市农业的多功能性。"爱美之心,人皆有之",体验都市农业风光,呼吸新鲜空气,感受大自然气息,成为城市消费者参与都市农业活动的方式之一。近年来,观赏型蔬菜越来越多,不但体现出生活性和生态性,同时体现了生产性,得到了市民消费者的认可,成为都市农业发展的创新型新模式。观赏蔬菜是既可食用又可用于景观设计的一类蔬菜的总称,是介于花卉与蔬菜之间的有明确内涵的蔬菜类别,观赏蔬菜具有可食、可赏两方面的作用(尚辉等,2017),如迷你黄瓜、樱桃番茄、花盆草莓、花盆石榴、有机盆栽白菜(花盆土培)、阳台生菜(水培)等,在都市农业设计中的应用越来越广泛。

农事体验型的都市农业兼具生产性和生活性的特点,也成了城市消费者参与都市农业活动的途径之一。一般有三种设计形式,一是市民在"耕、种、管、收"方面全程参与,即农户将土地划分成面积相对较小的若干区域,租给市民消费者,市民完全转变为"农民身份",自主确定如何耕种、种植什么品类,全程亲自耕作并收获农业劳动成果;二是市民租地、农民代耕代种甚至代收,农民事先向市民收取一定费用,按照市民的要求进行耕种,市民可以随时监管生产过程,可以支配收获成果;三是农民耕种,市民只是在作物成熟时,到田地里采摘、收获农作物果实并支付给农户一定的费用。这几种方式虽然在表现形式上差异较为明显,但是其本质差别不大,都是市民消费者体验农事活动的方式。

健康疗养型的都市农业兼具生态性和生活性的特点,是近年来发展较为迅速的都市农业形式,也得到了越来越多消费者的关注。健康疗养型的都市农业项目,多位于森林覆盖率较高的山区、湖泊等地域,常与森林公园联合开发设计。森林能够释放植物杀菌素、森林空气中含有较高的负离子、森林能够降低噪音,特别适合老年人和亚健康人群健康疗养,同时,森林能够产生"绿色心理效应",使人镇静、安宁,有愉悦的感觉,并使人的紧张情绪得到改善。森林疗养起源于 20 世纪 40 年代的德国巴特·威利斯赫恩镇被认为是森林疗养的雏形（张艳丽等，2016），是以森林疗养为基础、通过自给自足的果蔬栽种等为辅助的新型都市农业形式，即将迎来快速发展时期。

7.4 都市农业的发展方向与未来趋势

国外都市农业发展经验表明，当农业产值在地区生产总值中所占比重下降至5%～10%时，农业将突破三次产业划分的界限，第一产业与二、三产业逐步融合发展。2016年以来，我国北京、广东、浙江、天津等省市已经达到这个水平，可以预见，今后几年中国将进入都市农业快速发展阶段（邱国梁等，2019）。从国外的发展来看，近年来，法国、德国、韩国等发达国家都市农业目前出现一些新的变化趋势，一是参与型项目越来越多，通常是通过民宿、露营、美食品尝等活动来激活乡村的发展活力；二是乡村产业与乡村旅游结合日益紧密，通过特色景观开发，使乡村旅游得到更好的发展；三是基于产品的产业链不断延伸，实现了在主导农产品发展基础上不断进行产业链延伸的良性发展机制；四是通过在城市内部开辟市民农园、农贸市场、学校农场等，以及在城市公园里开辟出一部分土地建造成学生的教育基地，使市民和学生获得更多的农业体验和农事教育；五是都市农业配套技术发展较快，都市农业是一个小规模、高投入的业态，需要非常好的配套技术，才能获得良好发展[①]。

随着居民收入水平的提高和城郊道路等基础设施的完善，近年来，我国都市农业发展迅速。2018年4月8日，由北京中农富通园艺有限公司承办的"第八届现代都市农业高层论坛"在北京召开，论坛指出，都市农业通过园艺和景观可视化，使城市的空间功能增强，同时增加了城市内部的食物自我供应能力。通过高投入和高效管理，城市内部农业可在有限的空间内生产出更多的食物，增强城市应对突发灾害的能力，如新加坡有15%新鲜蔬菜供应是通过屋顶农业、垂直农业和工厂化农业来解决的。同时，随着社会不断发展、人口老龄化以及生活节奏的加快，我们

---

① 国际都市农业发展趋势及其对中国的启示 http://www.agriplan.cn/industry/2018-04/zy-2596_4.htm

的城市面临着越来越强的托老、托幼、管护和白领减压这样的社会需求,而通过都市农业、特色农业园区建设能有效解决这一问题,满足人们在这方面日益增长的需求。

当前,我国的城市化率还不高,城镇人口比例排在各国较低水平,如表7-2所示。2021年的政府工作报告明确提出,"十四五"时期要深入推进新型城镇化战略,常住人口城镇化率提高到65%,随着我国城市化率的提升,传统农业与第二、第三产业的融合发展将越来越明显,都市农业必将迎来快速发展时期。

表7-2 2019年全球各国城镇人口比重①

前10名			后10名		
排序	国家	城镇人口比例(%)	排序	国家	城镇人口比例(%)
1	新加坡	100	1	缅甸	31
2	卡塔尔	99	2	印度	34
3	冰岛	94	3	巴基斯坦	37
4	阿根廷	92	4	越南	37
5	荷兰	92	5	菲律宾	47
6	日本	92	6	泰国	51
7	瑞典	88	7	印度尼西亚	56
8	智利	88	8	中国	60
9	巴西	87	9	南非	67
10	沙特阿拉伯	87	10	意大利	71

数据来源:世界银行、艾媒数据中心

据调查数据显示,58.79%的被调查者非常想看到更多的都市农业发展的机会,51.92%的被调查者认为都市农业是朝阳产业,58.52%的被调查者认为应该开展更多的都市农业活动,62.36%的被调查者表示未来会继续参与各种类型的都市农业活动,说明居民对都市农业的发展充满期待,都市农业的发展预期较好,如表7-3至7-6所示。

---

① 2020年中国农业发展现状及困境分析 https://www.iimedia.cn/c1020/74133.html

表7-3 都市农业的发展机会

想看到更多的都市农业发展的机会	频数	频率(%)
非常不同意	0	0
不同意	3	0.82
一般(中立)	54	14.84
同意	93	25.55
非常同意	214	58.79

表7-4 都市农业的发展前景

都市农业是朝阳产业	频数	频率(%)
非常不同意	2	0.55
不同意	6	1.65
一般(中立)	63	17.31
同意	104	28.57
非常同意	189	51.92

表7-5 开展都市农业活动的期望

应该开展更多的都市农业活动	频数	频率(%)
非常不同意	0	0
不同意	2	0.55
一般(中立)	46	12.64
同意	103	28.30
非常同意	213	58.52

表7-6 都市农业活动的未来参与情况

未来会继续参与各种类型的都市农业活动	频数	频率(%)
非常不同意	0	0
不同意	4	1.10
一般(中立)	32	8.79
同意	101	27.75
非常同意	227	62.36

近年来,都市农业日益得到消费者的关注,参与者越来越多,主要原因有三个,一是都市农业非常契合当前消费者对食品质量的期望,二是消费者收入尤其是可直接支配收入的提升,使得市民消费者对都市农业活动的支付能力大大增强,三是城市居民日常工作的压力需要通过合适的方式释放。访谈中,山东省菏泽市经营葡萄采摘园的王女士表达了对都市农业的信心,她说:"尽管葡萄种植面临诸多问题,但是葡萄种植、采摘的整体趋势向好。葡萄采摘、葡萄观光吸引了广大消费者,葡萄种植的便捷化、管理的科学化吸引广大农户种植葡萄,大批经验丰富、外出困难的老年人将会致力于葡萄的种植。而乡村旅游将会是一种趋势,葡萄采摘更会吸引全国各地的消费者。"

都市农业的具体实现路径不一而足,可以从生产性着手,也可以从生活性、生态性着手,可以多种功能、多种模式兼顾。调查显示,市民消费者对都市农业的关注,不仅仅局限于某一功能,人们特别看重都市农业的生活性功能,对生产性的关注度不是最高的,这也为都市农业的具体实现形式指明了方向。高达82.69%的被调查者认为,参加都市农业活动可以放松心情,与家人一起享受是非常好的精神疗养方式;高达62.64%的被调查者表示,参加都市农业活动可以亲近自然;50%的被调查者表示,参加都市农业活动可以直接体验乡下生活,感受与日常生活不一样的生活方式;38.74%的被调查者表示,通过都市农业活动,可以增强与他人的交流,促进社交联系。见表7-7所示。

表7-7　都市农业的益处

都市农业的益处(多选)	频数	频率(%)
①放松心情,与家人一起享受,精神疗养	301	82.69
②与他人交流,促进社联系	141	38.74
③对乡下生活的体验	182	50
④通过从事农业加强锻炼,促进身体健康	142	39.01
⑤亲近自然	228	62.64
⑥解决食品安全问题,提升食品质量	107	29.40
⑦对利于环境保护	77	21.15
⑧观赏审美	102	28.02
⑨其他	4	1.10

从表7-7中也可以大体判断出都市农业的未来发展方向,应该侧重开发兼顾多种功能的都市农业综合体形式,这种综合体应该是一种包含农业生产、休闲娱乐、乡村生活、多维景观等能够体现多种功能的模式,因此,在设计都市农业时,应综合考虑对都市农业的区域规划,各区域之间要相互连接、紧密配合,承担各自功能职责的同时,尽可能具有相互支撑作用。未来的都市农业形式,要从景观吸引、休闲活动、农业生产、居住发展、社区配套五个层面来规划建设(李成等,2018),尤其是要关注都市农业的休闲功能、娱乐功能,开发适合家庭参与或者亲子互动的产品组合。

7.5　本章小结

本章主要讨论都市农业的类型、发展模式和实现路径,展望了都市农业未来发展趋势。

都市农业有多重类型,一是休闲观光型,依托乡间田野的自然怡人风景与清新典雅的人工景观,利用天然优势和人为设计,来满足消费者回归大自然、放松身心的休闲观光需求;二是特色产业型,聚焦于具有明显区域特色的农产品,把关联产业凝聚成一个生产链或者产业聚集区,提高农产品的附加值,增强市场影响力和竞争力;三是生态采摘型,多以家庭及中小型企业为主要经营单位,一般以某种或几种果蔬为基础,以休闲、娱乐为纽带,集生态、旅游为一体,能够使游客品尝到有机、无污染的果蔬食品;四是农业体验型,主要有亲自栽培作物、体验农业生产流程、食品加工等,消费者通过参与身体力行的农业生产活动,体验农耕文明;五是设施农业型,采用工程技术手段,进行动植物高效生产,无土栽培、实验室农业、垂直农业、阳台农业、屋顶农业等均可以视为设施农业,其经营模式呈现多样化的趋势。

都市农业从实现形式上看,主要有生产性为主的模式、生活性为主的模式、生态性为主的模式和综合性模式。

生产性为主的模式主要包括采摘农业、出售生鲜农产品及其加工品为主的都市农业、设施型都市农业和市民农园等。一是采摘农业,都市农业首先应具有农业的生产性特点,随着生活水平的提高,采摘新鲜农产品已成为许多市民喜爱的休闲方式,成为现代都市农业发展中的一大变化。二是出售生鲜农产品及其加工品为主的都市农业,传统农贸市场、街边菜店难以保证生鲜农产品的品质,一些以"现摘现卖""即摘即用(烹饪)"为特色的都市农业园受到越来越多消费者的欢迎,一些都市农业提供现场加工服务,得到了消费者的欢迎和认可,因此,以出售生鲜农产品及其加工品为主的都市农业,应该重点考虑提升加工能力,或者与加工企业合作,实现合作共赢。三是设施型都市农业,通过改变客观实际的自然条件,来营造种植作物的最佳环境,如通过计算机控制实现模拟光照、自动喷淋、按需施肥、恒温控制等,通过资金、技术和劳动力的整合,集生产、加工、销售、服务等于一体,实现高产出的目的。四是市民农园,一般是有土地使用权的主体将土地使用权转给有需要的人,供他们进行耕作体验,直接参与农业种植生产,亲身体验农业劳动过程。

生活性为主的模式主要包括休闲观光农业园、民宿农庄、阳台农业和屋顶农业等。一是休闲观光农业园,把农业生产与休闲观光结合起来,实质是利用城市近郊的地理优势,以城市居民休闲娱乐的需求作为服务焦点,将农业与旅游业紧密结合,让市民在离家很近的地方接触自然。二是民宿农庄,以吸引旅客住宿为目标,将都市农业从单一的休闲观光、参与体验等在时间维度上拓展,满足城乡居民消费者走进自然、认识农业、体验农趣的需求。三是阳台农业和屋顶农业,用盆栽、小面积承载工具种植一些花卉、蔬菜等,兼具观赏、净化空气、休闲等功能,还可释放一定的生产潜能,是城市居民参与都市农业活动的可行方式之一。

生态性为主的模式主要包括循环农业、绿植公园、农业生态园等。一是循环农业,重视生产与生态系统的平衡,遵循"整体协调、循环再生、资源低耗、重视生态"的原则,强调都市农业生产与环境保护的融合。二是绿植公园,一般是以观赏植物、花卉、林木为主,结合人文景观建设的具有生态、休闲功能的农业复合生态体。三是农业生态园,一般是以设施农业的形式,在一定区域范围内,通过集中规划建设,以单一品种植物为主,或者以非本地植物品种为主。

综合性的都市农业模式,主要包括田园综合体模式、基于互联网的 CSA 模式和科研试验性模式等。一是田园综合体模式,体现都市农业综合性功能的设计,一般是以生产果、菜、茶等农作物为主,经过科学合理的系统规划设计,充分利用当地特色农业资源和自然景观资源,全面满足市民消费者的观赏、采摘、耕作、住宿、餐饮和娱乐等需要。二是基于互联网的 CSA 模式,通过网络的链接作业和虚拟现实等现代技术的支撑,都市农业有望突破传统区域限定性,为都市农业未来跨区域发展提供了可能。三是科研试验性模式,一些高等农业院校、农业研究机构,通过开展小规模的都市农业实验项目,综合性研发都市农业生产设备,验证都市农业运作技术,积累都市农业的运行经验,为在大范围推广都市农业、开展综合性的都市农业奠定基础。

由于各地的经济发展水平、自然资源条件、消费者认知的不同,都市农业发展的模式也不同。市民消费者对度假型、生产型、品尝型的都市农业充满期待,对观赏型、娱乐型的都市农业也非常渴望。市民消费者对休闲度假型都市农业的最为关注,属于生活性为主的都市农业类型,这种类型的都市农业得到消费者的认可,主要原因有 3 个方面:一是随着居民收入水平的提高,休闲度假是中国旅游业未来发展的重要方向;二是都市农业休闲游的时间成本和经济成本不高,适合居民在周末或小长假出行;三是突发疫情的影响,近距离、低单价、方便快捷的近郊休闲度假游趋势明显。消费者对采摘型、品尝型的都市农业也非常关注,这种类型的都市农业兼顾生产性和生活性的特点,得到消费者的青睐,成了一些都市农业园吸引消费者的重要方式,主要原因有两方面:一是消费者对高品质、无污染果蔬产品的渴望;二是对特色农产品即时加工的偏爱。观赏型的都市农业兼具生活性和生态性,近年来,观赏型蔬菜越来越多,成为都市农业发展的创新型新模式,在都市农业设计中的应用越来越广泛。农事体验型的都市农业兼具生产性和生活性,也成了城市消费者参与都市活动的途径之一,一般有三种设计形式:一是市民在"耕、种、管、收"方面全程参与;二是市民租地、农民代耕代种甚至代收;三是农民耕种,市民只是在作物成熟时,到田地里采摘、收获农作物果实。

今后几年,中国将进入都市农业快速发展阶段,一是参与性项目越来越多,二是乡村产业与乡村旅游结合日益紧密,三是产品的产业链不断延伸,四是通过在城市内部建设教育基地,使市民和学生获得更多的农业体验、接受更多的农事教育,五是都市农业配套技术发展较快。都市农业的具体实现路径不一而足,可以从生产性着手,也可以从生活性、生态性着手,更可以多种功能、多种模式兼顾。都市农业的未来发展方向,应该侧重开发兼顾多种功能的都市农业综合体形式,在设计都市农业时,应综合考虑对都市农业的区域规划,各区域之间要相互连接、紧密配合,承担各自功能职责的同时,尽可能具有相互支撑作用。未来的都市农业形式,要从景观吸引、休闲活动、农业生产、居住发展、社区配套 5 个层面来规划建设,尤其是要关注都市农业的休闲功能、娱乐功能,开发适合家庭参与或者亲子互动的产品组合。

第8章　促进都市农业发展的对策建议

第4~6章对都市农业的影响因素、各因素的影响权重和当前都市农业发展中存在的问题进行了分析,通过文献梳理、归纳和总结,建立了研究模型,研究者认为影响都市农业发展的因素主要有4个方面,即供给侧因素、需求侧因素、政策因素以及影响都市农业发展的其他社会因素。供给侧问题主要表现为生产经营和管理技术落后、融资渠道狭窄、获利能力不足、基础设施落后、特色不明显、服务能力不高等;需求侧问题主要表现为市场规模不足、消费者在都市农业活动场所的停留时间较短、参与都市农业活动次数较少、消费者期望过高、消费者对都市农业的价格认知存在偏差等;政策及政府引导与监督管理的问题主要表现为基础设施建设滞后、有针对性的扶持措施较少、产业服务体系还不完备、政府部门规划引导不足等;其他影响都市农业发展的问题主要表现为市民消费者对都市农业的热情不足、宣传力度小、人才培养滞后等。

为了不打破本书的逻辑结构,本章提出的对策建议是以从宏观到微观、从整体到局部、从核心到外围的逻辑顺序展开的,而并未根据模型分析中得到的影响因素的影响权重大小排序进行阐述,但提出的对策建议,完全涵盖了模型研究涉及的各因素,能够解决当前都市农业发展中存在的问题。

8.1　建立健全都市农业发展政策体系

8.1.1　加强都市农业布局的规划设计

规划设计是指对项目进行总体统筹,既要考虑其合理性、可行性,还要兼顾成本、生态要求和人文环境要求,也就是说规划设计必须从战略高度综合考虑政治、经济、历史、文化、民俗、地理、气候、交通等多项因素,通过多方评估影响,不断完善设计方案,提出规划预期、远景目标、发展愿景及具体明确的发展方向,要明确考核指标和控制指标等,制定评价规范。城市发展建设必须做好规划设计,根据实际情况兼顾历史和未来,遵循规划设计原则,对城市生产、生活布局进行合理的开发与改造,使城市建设、农业活动、生态环境保护与居民生活、城市发展有机结合,促进城市的健康发展、协调城乡协同进步(罗敏娜,2020)。都市农业土地利用规划应该结合当地自然、经济、社会条件,对都市农业的布局、项目的开发、土地的利用以及对土地的治理和保护等方面做一个总体的布局和统筹安排。当前,部分都市农业项目的开发与投入较为盲目、率性而为,一些企业和农户投身都市农业后,配套发展措施跟进不到位,经营水平低下,收益达不到期望,甚至导致投资难以收回,导致了社会资源的极大浪费,还可能影响到其他人对都市农业投资的热情。

都市农业的规划布局,一是要确定区域范畴,即都市农业项目所在地与中心城市的相对位置。不同的都市农业模式,对其位置要求不尽相同,如以生产性为主的都市农业,可以距离城市主城区略远,而以生态性、生活性为主的都市农业模式,则尽可能规划在近郊,降低消费者到达都市农业所在地的综合成本。二是要确定都市农业的作物品类的规划,需要根据环境特点、基础设施状况、产业的规模聚集效应等进行统一规划、统筹安排,避免雷同竞争,削弱行业整体效益。三是要考虑关联产业的情况,如以生产性为主的都市农业,需要配套加工企业、仓储企业、物流配送企业等等。四是要指导都市农业的投资方确定合适的经营规模、经营形式等,指导其确定企业发展规划,以引导都市农业科学合理的发展。

加强都市农业的规划设计,就要根据地域特点和资源类型进行精准定位,科学合理地开发具有特色的都市农业项目,让都市农业在统一的整体规划和有效的宏观管理下发展。与此同时,在都市农业的发展进程中,要始终坚持可持续发展理念,以保护生态环境为前提,不要过度开发、盲目开发,更不能只为了追求经济效益,而出现破坏生态平衡的做法,这样才能使都市农业更加稳定、长久的发展。都市农业的规划设计,主要注意3个方面的要求,一是确定都市农业的核心功能,根据功能划分和规划,都市农业发展的目的不仅仅是保障农产品的供给,也可以将都市农业主要定位于休闲、健康、改善生态环境等;二是确定都市农业的目的,都市农业发展的目的不局限于为当地农户带来经济收入,还可以开发特色农产品服务,提升市民的生活环境和幸福感,一些都市农业项目可以定位为"公益性"项目;三是确定都市农业的发展方向,根据发展定位进行拓展,建立特色鲜明、规模适当、集群发展的特色都市农业产业,促进农业和工业、服务业共同成长,实现城乡协调发展。

8.1.2　提升都市农业的补贴水平

政策是由政府部门制定、颁布、实施和监管,在一定资源支持下,为了达成发展目标而制定的法律、规划、方针等活动,政策最基本的功能就是对社会活动进行规范、引导和激励。政府出台的农业补贴政策主要基于农业的两个主要鲜明特性,一是农业的弱质性,二是农业的多功能性(陈智敏,2017)。受农业生产特点的影响,农业投入成本高、收益周期长、生产风险大,如果仅仅根据市场要素的调节来调整农业生产,会面临很多的不确定性,因此会大大限制农业投入的积极性。政府出台支持农业发展的政策,创建有利于现代农业发展的政策环境,应运用政策手段调动农业从业人员的积极性,是各国政府普遍采用的干预方式。如世界贸易组织管辖的《农业协议》中规定的"绿箱政策"支持性农业补贴,就是农业支持手段的一种,"绿箱政策"支持的范围多为公共性投资,主要包括科技、水利、基础设施建设、环保等方面,都市农业完全符合这样的条件要求。政府部门应该从补贴政策着手鼓励都市农业,针对新注册设立的都市农业经营主体,给予一次性创业补贴或者建设支持,由政府协调信用贷款、担保贷款并予以贴息,切实解决发展资金问题。在开展本研究的访谈中,广西壮族自治区桂林市某都市农业园负责人王先生表示,南方多雨容易引发洪涝等灾害,对草莓的种植极为不利,自然灾害不仅会大大减少草莓的产量,也会使采摘园的顾客减少,损失重大。都市农业需要农民们(经营者)"抱团取暖",比如一起建设合作社,积极争取政府部门的补贴,在扩大生产能力的同时,实现规模效益,收益才能有所保证,政府的大力扶持和技术指导,帮助都市农业生产者把控质量,实现产品绿色无公害生产,保证消费者身体健康,吸引更多的消费者参与,实现都市农业的良性发展。

政府对都市农业经营主体的补贴,能够推动都市农业发展。除了从供给侧补贴外,政府还可以对消费者进行补贴,比如通过门票优惠、车费补贴等形式,鼓励消费者参与都市农业活动,从而拉动都市农业的发展。无论哪种补贴形式,都要保证政府的补贴最大程度发挥效用,因此需要设计动态的考核机制和补贴评价体系,明确补贴方式、控制补贴额度,补贴要做到专款专用、专项专批、单独考核、单独评价,坚决杜绝挪用、占用、虚报等行为,切实体现专项补贴的作用,助力都市农业的发展。

8.1.3 拓宽融资渠道

农业生产具有自然再生产和经济再生产交织的双重属性,产业链长,而且易受自然环境、市场需求、价格波动等风险因素影响,再加上农业前期投资主要集中在基础设施方面,提供的抵押、质押物少(刘志颐,2019)。都市农业作为一种新型的现代农业,源于城市化的快速发展,但都市农业生产周期长,收益回报较慢,它仍然比较脆弱,需要进一步拓宽融资渠道,助力都市农业发展。目前,都市农业的社会效益越来越受到媒体的重视和政府机构的支持,政府应给予适当支持,助力都市农业绿色、生态、可持续发展(张春茂,2018)。

拓宽都市农业的资金来源渠道,要以政府为主导,广泛开展宣传,让全社会充分了解都市农业具有广阔的发展前景和可观的经济效益,引导社会闲散资金投资都市农业项目,依法保障投资者权益,对违法行为坚决予以打击,打消投资者顾虑。政府投资可以重点投入到改善农业基础设施、加强人才培养和技术研发改进以及新品种、新技术的推广上,同时,结合国家的金融政策,引导民营企业和农民参与对现代农业的投资,形成多元化、多层面、多渠道、多来源的现代都市农业投资方式。政府部门要积极引导、积极鼓励社会资本参与都市农业投资建设,从都市农业基础投入、农产品生产加工到都市农业宣传推广与营销等环节,都积极引入社会资本参与都市农业的建设。与此同时,运用贷款贴息、贴担保费等政策措施,支持大型都市农业龙头企业扩大规模、树立典型,鼓励农业龙头企业加强自主创新,促进龙头企业做大、做强、做精,支持农业龙头企业开展科学研究和技术实践,引导有实力的都市农业企业实施农业科技计划项目、都市农业示范项目,提升服务能力、增加服务项目、拓宽服务领域,延伸都市农业产业链,提升都市农业附加值,促进都市农业关联产业发展。

8.2 强化供给侧能力

8.2.1 加强基础设施建设

基础设施建设是保证地域经济得以发展的基础保证,农业基础设施建设对于夯实第一产业发展基础、促进一二三产业融合意义重大。政府有关部门要多方筹措资金、引进社会投资,加速城市郊区和农村地区的道路设施、给排水设施的铺设,强化电信建设能力,提升网络覆盖水平,加强电力设备设施维护和升级。当前看,尤其要加强农村的交通基础公共服务设施建设,例如修建高等级公路、加强郊区公路建设、开通远郊区公交专线、修建休息服务区等,方便游客深入参加都市农业活动。

与此同时,各类都市农业经营主体场所,要逐步完善停车场、移动厕所、休闲娱乐等基础设施,从游客需求出发,合理布局,让游客体验更便利、经营者运营效率更高。加强都市农业经营主体基础设施建设的目的,是壮大都市农业市场规模,培育都市农业龙头企业,提升市场影响力,逐步形成"大带小""强带弱"的发展态势,形成"设施共用、技术共享、风险共担和利益"的氛围,或者采取"加盟""分部""功能分离"的形式,建成"一中心、多分支"的经营布局,专业化、精细化地促进都市农业的发展。访谈中,北京市昌平区经营草莓采摘园的三哥农场负责人林先生认为,今后的都市农业将出现一个或几个强有力的龙头企业,这些大企业来整体布局各个城市的都市农业,中小微型的企业大部分将依托于这些大型企业进行布局,原因主要是由于都市农业的前期投入很大,尤其是在大城市的周边,审批程序复杂,而且客源和产量都不是很稳定,需要有一个资金和资源都相对雄厚的大公司来作为依托,"以大带小",共同发展。

8.2.2 提升管理水平

一是做到规范管理。"无规矩不成方圆",在市场竞争日益激烈的都市农业行业内,必须审时度势,从行业整体出发,摒弃当前经营思路混乱、收费随意、项目设计和服务水平缺乏对比标准、企业分散且各自为政的状况,必须尽快由有影响力的龙头企业牵头,建设行业发展规范和运行标准体系。建立行业公认的一整套规范的制度体系,是促进行业发展的必要条件,包括发展思路、组织形式、服务水平及评价、员工管理与职业道德规范等,企业要对比体系执行。企业内部也要健全管理制度,如岗位职责、薪酬体系、培训制度、风险管控措施等等,这些基本制度是保证都市农业企业正常运营的前提。同时,都市农业企业可考虑引入股份制改造、员工参股、股权激励等措施,利用现代企业制度和管理方法开展日常生产经营活动。

二是加强科技利用能力,提升科技成果转化水平。"科技是第一生产力",科技是推动行业发展的引擎,是都市农业发展的助推剂。访谈中发展,当前都市农业经营中应用的现代科技较少,种植技术、防病虫害技术、温控技术、育种选种和果实果型的品质控制技术等影响都市农业企业经营效果的核心环节较薄弱,科技含量还不高,尤其是新品种推广应用范围较小,如大部分采摘园常见水果都是草莓、李子、樱桃,常见的果蔬都是相同品种,很难吸引游客前往的兴趣。当前,都市农业企业经营者应该充分利用现代农业技术,积极转化农业科技成果,发挥科技对都市农业的推动作用,促进都市农业发展。

三是建立灵活的激励机制。都市农业作为新兴行业,生产经营方式上与传统农业明显不同,与其他工业企业、服务企业也存在诸多差异。都市农业企业在项目设计、经营内容、盈利模式、资源利用、宣传推广等方面仍处于不断探索的阶段,在这样的特殊情况下,都市农业企业要不断修炼内功,在积极借助外部发展动力的基础上,对内管理应该采取更加灵活的方式,合理分配管理力量,注重内部资源的协调,确保资源在内部的灵活运转,确保员工"多劳多得""有付出有回报""多付出多回报"。

8.2.3　提升创新能力

社会的发展,归根结底还是"创新"的驱动。都市农业的经营者要注重对创新思维的培养,加强企业现有资源与能力与社会发展需求之间的有机衔接,有效利用社会、企业资源,通过学习创新创业课程、参与企业家课堂、积极投身创业实践等形式,加强创新思维的培养,提升创新水平,并将创新活动付诸实践,将都市农业切实变成创新型企业。据广西壮族自治区桂林市某都市农业园负责人王先生介绍,这几年通过加强产品创新和对新技术的应用,为企业带来了明显的效益。他介绍说:"我所在村离市区 15 公里,交通方便,村里采摘园面积超过 500 亩,亩产在 2 000 ~ 3 000 斤,村中种植沃柑、柚子、草莓等多种采摘型果蔬。我主要做草莓采摘型农场,农场内员工 4 人,在所在村总采摘园中种植了 2 亩地的大棚草莓,亩产量 2 500 ~ 3 000 斤。南方高温地区种植大棚草莓延长了草莓的供应期,并且扩大了草莓的种植范围,我率先采用了小规模的无土栽培培育幼苗,成为游客关注的一个景观,同时减少了农药的使用,农场便以无公害、绿色来宣传草莓,出售单价在 15 元/斤左右,比其他采摘园略贵一些,但是消费者能够接受。我本人经营 2 亩地左右,大棚建设费用 1500 元/亩,共花费 3 000 元;租一亩地一年 1 200 元,共花费 2 400 元;合作社 600 元;种苗与肥料约花费 2 000 元;种子技术咨询、人工等管理费用约花费 12 000 元。这样的投入水平,如果不搞一些创新是不行的,是搞不到钱(盈利)的。近年来,城市居民兴起郊区打卡,我率先在采摘园推出体验亲子游戏、农场团建等活动,近 3 年的收益呈上涨趋势,每年每亩净利润在 25 000 ~ 30 000 元(高产时)。"探索新型种养模式,发展生态循环型都市农业,把农业与第二、第三产业结合起来发展,提高资源利用效率等都市农业的技术创新,也促进了都市农业的发展。如黑龙江省哈尔滨市香坊区的余先生,将自己承包的 40 亩鱼塘打造成集钓鱼、农家乐、有机蔬菜采摘、乡村民宿为一体的都市农业综合体,以循环农业要求为指导,不断运用新的农业科技。2020 年,余先生又与两位合伙人承包了道外区巨源镇的 1 000 亩湿地,打算继续沿着都市农业综合体的思路拓展经营。

8.2.4 丰富服务项目

(1)以生产性为主的都市农业园,可以通过增加采摘品种,开发特种蔬菜与特色餐饮相结合等形式丰富的服务项目。如海南省东方市王先生跟研究者说:"我们是从黑龙江来海南从事都市农业的先行者,我们看中了海南的发展机遇,带着农业生产技术来海南做都市农业项目,主要是热带特色瓜果采摘。在推广的初期,因为服务能力所限、服务项目较少,根本就没几个人愿意开车来我们这看一下,大家都觉得项目少、不值得。同时我们发现,很多人都没有在专业人员指导下进行采摘,这不但直接破坏了植物的自然生长,甚至会破坏整片区域。为了吸引更多新客户,我们有两种模式:一是老客户介绍新客户来,老客户会部分免单,介绍的人多还可以免费车接车送;二是新客户自己找来,提供免费车接车送,送给他们水果,让他们体验我们的产品和服务,也让他们给我们提意见,不断提升服务能力和服务水平,不断拓展服务项目。后来因为来的人多了,老客户也会带新客户来。随着东北游客增多,还增加提供东北菜,渐渐打开名气,逐渐形成以老带新的模式,近两年发展速度明显提升。"

(2)以生活性、体验性为主的都市农业园,可以考虑到不同年龄阶段的游客,设置不同类型的农业体验项目,开发独具特色、风险可控的农事活动。如对10岁以下的儿童,可以在都市农业园区内增加一些风险较小的娱乐项目,如"寻宝""扫雷"等寓教于乐的活动,能够激发青少年游客的兴趣。如黑龙江省哈尔滨市李先生跟研究者说:"我在哈尔滨市香坊区柞树村的采摘园原来仅是供市民采摘草莓、葡萄,秋天时候有点萝卜、白菜、胡萝卜等咱们这常见的地产蔬菜,他们采摘一次就再也不来了,每次来的游客都是新面孔,说明他们对我的采摘园兴趣不大。去年(2020年)我针对家庭顾客增加了一些体验性的项目,如鼓励孩子自己采摘,自己打水洗菜,我还在餐厅门口设置了一个寻宝箱,里面放一张简单的地图,指导孩子们在园区里找到特定的果子、小玩具,并免费送给他们。其实成本不高,但是可以鼓励他们多多参与,增加乐趣,即使回到城市后,也会给他们留下一些回忆。"

(3)以生态性、观赏性为主的都市农业园,可以考虑组织市民认养植物、命名景观等活动,通过幼儿园、学校、单位和公益组织开展各种科普、教育和文化活动,让市民消费者主动、积极参与到都市农业活动中来,如组织除草、浇水、修剪等活动,保护环境、美化环境,提升环境质量,体现这类都市农业的公益性的特点。

8.3　加强市场培育与消费者引导

8.3.1　加强都市农业的宣传推介力度

都市农业一般具有季节性的特点,春种秋收时期游客众多,游客们通过休闲、娱乐、垂钓、采摘来感受生活。但到了冬季,受环境和出行的影响,游客也会减少,相关服务人员也都闲下来,相应的收入也会减少,而且景区闲置土地也造成了资源的浪费。与常见的日常用品不同,消费者对休闲产品的质量评价强调的是"消费过程获得感"。因此,都市农业产品供给方和需求方之间建立完善的信息沟通渠道,适时反馈信息、调整供给策略显得至关重要。目前看,多数都市农业经营者普遍采用的还是传统的信息沟通渠道,一般是通过自身的宣传或者与其合作的媒体、旅行社发布信息,进行推介。由于环节较多、渠道长度较长,难免存在信息传递失真、传递效率低下、顾客需求难以得到及时反馈等问题。在互联网快速发展的今天,应该充分借助互联网技术和数字交互式媒体,利用搜索引擎、二维码、微博、微信公众号等移动互联网营销技术,开发 App 或者依托在线旅游网站等有影响力的第三方嵌入提供景区信息,将相关资源信息进行在线整合,快速、准确地传播形象,并能够实现与顾客的即时信息反馈。采用灵活可控、反馈及时的扁平化模式的短渠道推广都市农业项目及产品,可以缩短供需双方的心理距离。通过线上的信息传播,促进和引导消费者在线提交预订,可以减少服务过程的不确定性,同时也可以减少消费者的顾虑,从而节约时间成本、提高效率。

加强都市农业的宣传推介,一是大幅度提升印刷品广告的水平,包括报纸广告、杂志广告、画册广告、产品宣传单广告等,这些传统印刷品广告的覆盖面广、传递灵活迅速,新闻性、可读性、知识性、指导性和记录性显著,便于保存,可以多次传播信息,制作成本低廉。充分利用这些成熟的传统媒介,方便消费者高效、低成本的获取相关信息。二是提升广告邮寄的针对性,提升效率,可以通过 DM 广告(直接邮寄广告)以特定个体为诉求对象有针对性地开展广告信息的传递,在提高信息传递效率的同时,还可以避免与同类商品的竞争,DM 广告是可以大力使用的有效广告方式。三是充分利用广播广告、无线电或有线广播为媒体播送传导。由于广播广告传收同步,听众容易收听到最快最新的商品信息,而且每天重播频率高,收播对象层次广泛,速度快、空间大,广告制作费也低。四是规范使用户外广告,如路牌广告、广告柱、广告商亭、霓虹灯广告、灯箱广告、交通车厢广告、气球广告等。

8.3.2 提升顾客满意度

调查显示,半数以上的被调查者(52.47%)对都市农业的满意度一般,超过5%(1.37% +4.40%)的被调查者有不愉快的都市农业活动经历,如表 8 - 1 所示。这说明消费者对都市农业的满意度还有巨大的提升空间,消费者的疑虑严重影响了都市农业的发展。

表8-1 都市农业满意度情况

都市农业满意度	频数	频率(%)
①非常不满意	5	1.37
②不满意	16	4.40
③一般	191	52.47
④满意	131	35.99
⑤非常满意	21	5.77

顾客让渡价值理论指出,顾客在购买产品时,总是希望获得较高的顾客购买总价值和付出较低的顾客购买总成本,以便获得更多的顾客让渡价值,使自己的需要得到最大限度的满足。顾客让渡价值是企业转移的、顾客感受得到的实际价值,表现为顾客购买总价值与顾客购买总成本之间的差额,如图8-1所示。

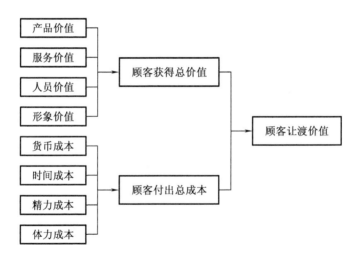

图8-1 顾客让渡价值的形成

顾客在做出购买决定时,往往从价值与成本两个方面进行比较分析,从中选择出那些期望价值最高、购买成本最低,即顾客让渡价值最大的产品作为优先选购的对象。从顾客让渡价值理论来看,企业若想在竞争中战胜对手,吸引更多的潜在顾客,就必须向顾客提供比竞争对手具有更高顾客让渡价值的产品,获得更高的顾客满意度。为此,企业可从两个方面改进自己的工作:一是通过改进产品、服务、人员与形象来提高产品的总价值;二是通过改善服务与促销网络系统,减少顾客购买产品造成的时间、精神与体力的耗费,降低货币与非货币成本(郝文艺等,2020)。因此,都市农业企业一方面要从加强供给侧的能力入手,改善既有不足,不断提升产品质量、服务质量;另一方面也要利用媒介的积极引导,尤其是充分发挥意见领袖的积极作用,降低顾客获取都市农业服务的投入,通过意见领袖的推荐和介绍,降低顾客的精力成本、信息获取成本等,提升顾客消费前的信心,促使普通消费者积极参与都市农业活动,提升顾客满意度。在消费行为学中,意见领袖特指为他人过滤、解释或提供信息的人,这种人因为持续关注程度高而对某类产品或服务有更多的知识和经验(符国群,2021),都市农业领域的意见领袖,能影响和左右他人态度倾向,其对都市农业往往比较关注,多为业内专业人士,消息灵通、精通时事,有出色才干,有一定人际关系能力,获得了市民消费者的认可。

8.3.3　采用灵活的定价策略

由于都市观光农业的前期投入比较大,所以产品的价格会比普通果蔬相对较高,而许多消费者不认同这种集娱乐和购买于一身的消费模式。因此,采取灵活的定价方式,如声望定价、歧视定价等,用不同的定价方式对不同消费者加以引导,营造良好的市场氛围。如黑龙江省大庆市孙家采摘园负责人孙先生就用歧视定价的方式,吸引不同类型的消费者。"东北地区年轻人口流失比较严重,且一些消费者的消费习惯,或者说消费意识不习惯于进行都市观光农业消费,这就阻碍了都市观光农业进行宣传和推广,都市农业的产品价格构成不同,产品价格高,就必须针对消费者的差别,收取不同的价格。"价格歧视就是在不同因素(如时间、地点等)的作用下,商品的提供者在提供相同等级、相同质量的商品或服务时,对不同对象的收费标准不同。由于都市农业消费者在消费时间的选择上具有明显的脉冲波动现象,因此,通过灵活运用时间价格歧视策略,能够起到平抑客流的作用。一是在都市农业活动旺季时,通过价格调控的作用,如通过涨价、适当降低顾客让渡价值、预先通知等方式,抑制因消费者大幅增加带来的数量峰值;二是在都市农业淡季时,通过降价促销、提供附赠服务、升级服务水平等手段,吸引更多消费者的参与。

8.3.4　加强消费者黏性管理

消费者黏性(也称顾客黏性)管理,是将潜在消费者转变为消费者并通过企业的客户管理手段,促使其重复购买进而成为企业忠诚客户的一系列管理和服务过程。当前,在买方市场状态下,尤其是随着互联网的发展和普及,消费者获取相关知识和信息更加便捷,消费者甚至可以实时对产品品质、价格进行对比,建立在信息不对称基础上的商业活动大大减少,消费者对同一类产品的选择范围大大扩展、转换成本急速降低,这导致消费者的忠诚度降低,顾客黏性下降。顾客黏性与产品品质、服务体验、情感倾向和他人影响密切相关,对于家庭成员参与决策的产品或服务,家庭成员的意见对顾客黏性的形成尤其重要。参与都市农业活动与否是典型的家庭共同决策。调查数据显示,参与都市农业活动对成人和孩子均有明显的教育意义,高达62.91%的被调查者认为,全家共同参与都市农业活动,不但可以从生活方式的转换中获取休闲、娱乐和对新知识的认知,同时对农业知识、乡村风情和历史知识等也有了进一步的认识,如表8-2所示。64.56%的被调查者表示,和家人一起参与都市农业活动,家庭氛围变得更融洽,如表8-3所示。这说明都市农业具有明显的生活功能,能够促进家庭的和谐和社会的稳定。高达63.46%的被调查者表示,和孩子一起参与都市农业活动,有利于建立更加良好的亲子关系,促进家庭和谐,有利于孩子健康成长,如表8-4所示。

表8-2 都市农业的教育作用

都市农业能够对成人和孩子起到教育的作用	频数	频率(%)
非常不同意	0	0
不同意	1	0.27
一般(中立)	40	10.99
同意	94	25.82
非常同意	229	62.91

表8-3 都市农业对家庭氛围的作用

和家人一起参与都市农业活动,家庭氛围更融洽了	频数	频率(%)
非常不同意	0	0
不同意	1	0.27
一般(中立)	28	7.69
同意	100	27.47
非常同意	235	64.56

表 8 – 4　都市农业对亲子关系的影响

和孩子一起参与都市农业活动,亲子关系更好了	频数	频率(%)
非常不同意	0	0
不同意	2	0.55
一般(中立)	33	9.07
同意	98	26.92
非常同意	231	63.46

当前,孩子在家庭决策中的重要作用越来越凸显,通过孩子对家庭决策的影响作用加强顾客黏性,是都市农业经营者可以利用的重要途径。如开展孩子愿意参与的活动来增加孩子对都市农业的兴趣,开展"春浇一桶水、秋收一筐果""我与小苗共成长"等活动来增加淡季客流。黑龙江省哈尔滨市李先生跟研究者说:"我在哈尔滨市香坊区柞树村的采摘园,原来有 3 栋草莓大棚、6 栋葡萄和提子大棚,还有一小片果园,前几年收益不好。我去年(2020 年)撤掉了 2 栋棚子,建成了农业探险园,主要给孩子们创造一个农村游乐场,也可以给企事业单位做拓展训练和娱乐活动,又开出了一片区域,供孩子们'认养',主要有白菜、萝卜、玉米等,他们认养后要自己播种、移栽、浇水(其实也是象征性的),等到收获的时候他们自己来收,我感觉近两年游客明显增加了,很多人慕名而来,开车几十公里就为给孩子认养一颗萝卜、一棵白菜,有的一年领孩子来很多次。"这说明增加孩子参与的活动,可以增加都市农业园的吸引力,增加顾客黏性、吸引消费者多次参与,可以大大促进都市农业的发展。

8.4　营造良好的都市农业发展氛围

8.4.1　提升从业人员素质

都市休闲农业作为一种新兴产业,涉及农业、生态、旅游、文化等多领域的知识,需要高素质的专业人才以及专业机构的指导。休闲农业从整体规划、建设到实施发展都需要专业人才来执行完成,因此,专业人才的引进对整个休闲农业的发展来说都是至关重要的。黑龙江省大庆市孙家采摘园负责人孙先生指出,"都市农业的经营者对都市农业的认知不高,人员素质还不够高,对于相匹配的农业知识了解得少,一些专业性问题无法得到有效及时地解决。"都市农业发展中,地方政府应建立与高校合作的模式,培养复合型人才,利用知识优势增加都市休闲农业的科技含量,定期对休闲农业的相关负责人进行经营管理、行业知识、安全卫生知识、基本技能等方面的培训就显得十分必要。

发展都市农业,必须要制定相应的人才培养计划。研究者从对都市农业从业者的访谈中得知,新入职的从业者理论基础薄弱、实践经验匮乏、专业素养不高、创新精神缺失的现象普遍存在。其主要原因是在人才培养过程中,学校培养模式单一、培养体系缺乏系统性、培养内容没有与时俱进。都市农业需要的人才类型很多,无论是技术人才、管理人才还是营销人才,都必须加快培养步伐。营销人才尤其匮乏,就都市农业营销活动来说,现在有很多不尽如人意的地方,营销人才的培养问题亟待解决。市场营销是一门实用性很强的应用学科,而普通本科高校对市场营销人才的培养并未真正体现其实践应用性。目前,高校营销人才的培养模式和企业需求的营销人才不相适应,一方面导致深受企业欢迎的复合型专业人才缺口很大,另一方面低层次的一般销售人员供大于求,形成了营销人才有效供给不足的局面。虽然各行各业对市场营销人才,尤其是复合型高素质营销专业人才需求旺盛,但普通高校市场营销专业毕业生却普遍面临"就业难、适应慢、成长缓"的窘境(郝文艺等,2019)。提高都市农业从业者的素质,不仅仅局限于营销工作人员、管理人员、技术人员、服务人员等,作为现代化农业从业者,都要了解、掌握现代农业的生产技术,把握市场需求动态。所以亟须对农业从业者进行全面的培训,不断提高他们的从业素质,强化从业者的农业产业观念,培养具有综合生产技能、技术技能、管理能力和学习能力的都市农业从业者。

8.4.2 发挥互联网及新媒体的作用

移动互联网营销具有高效、精准、个性化、互动性等特点,改变了人们的消费模式和习惯,其对企业的营销策略设计、营销过程和营销结果也产生了重要影响。移动互联网使得消费者权利增加,大大提高了企业竞争力、加快了企业的优胜劣汰。因此,在移动互联网时代,企业必须要积极引导消费者参与营销过程,持续采纳消费者对产品设计、性能改进的建议,不断提高营销实践能力(郝文艺、冷志杰,2015)。

大力推进互联网广告的应用,尤其是新媒体广告,如利用微信朋友圈等社交媒体,利用抖音、快手等新媒体开展直播进行广告宣传等。中国互联网络信息中心(CNNIC)第45次调查报告显示,截至2020年3月我国手机网民规模达8.97亿、网络购物用户规模达7.10亿,以网络视频等为代表的新媒体用户规模达8.50亿,占网民整体的94.1%。这说明我国有足够的网民基础,大力推进互联网广告有利于都市农业信息的推广。充分利用新媒体开展促销活动,增加顾客黏性。新媒体营销是以网络广告、数字杂志、网络直播、移动社交媒体、VR虚拟现实等新媒体资源为中介,以营销理论为基础,依托网络环境开展营销活动、实现企业营销目的的过程。随着传播媒介和信息技术、网络技术的迅速发展,新型的媒体形式和传播方式不断出现,它们更新了企业的营销手段,也颠覆了消费者的传统消费方式,给人们的社会生活带来巨大的改变。都市农业企业可以利用虚拟社区、论坛、微博、微信、App等相关的新媒体平台开展营销活动,最大限度地扩大信息传播范围、提升传播效率,满足顾客对信息的需要,从而激发消费者的消费热情,推动都市农业的发展。如广西壮族自治区桂林市某都市农业园负责人王先生表示:"都市农业有季节与旅游相结合的特点,通过直播等新媒体推介,草莓成熟旺季和旅游旺季都会吸引一大批游客,所在村的大型采摘园在当地已经小有名气,加之当地是著名旅游城市,人流量大,吸引了大量游客和附近城市居民前来消费。"

8.5　本章小结

本章主要讨论了促进都市农业发展的措施,从建立健全都市农业发展政策体系、强化供给侧能力、加强市场培育与消费者引导、营造良好的都市农业发展氛围四个方面,提出了相应的对策和建议。为了不打破本书的逻辑结构,本章提出的对策建议是按从宏观到微观、从整体到局部、从核心到外围的逻辑顺序展开的,而并未根据模型分析中得到的影响因素的影响权重大小排序进行阐述,但提出的对策建议完全涵盖了模型研究涉及的各因素,能够解决当前都市农业发展中存在的问题。

在建立健全都市农业发展政策体系方面,要加强都市农业布局的规划设计、提升都市农业经营主体的补贴水平、进一步拓宽都市农业融资渠道。一是加强都市农业布局的规划设计,根据地域特点和资源类型,进行精准定位,科学合理地开发具有特色的都市农业项目,注重都市农业的核心功能、注意确定都市农业的目的、确定都市农业的发展方向,根据发展定位进行拓展,建立特色鲜明、规模适当、集群发展的特色都市农业。二是提升都市农业经营主体的补贴水平,因为农业具有弱质性、多功能性的特点,都市农业投入成本高、收益周期长、生产风险大,政府出台支持农业发展的政策,创建有利于现代农业发展的政策环境,政府部门从补贴政策着手鼓励都市农业,促进都市农业的良性发展。三是拓宽融资渠道,引导社会闲散资金投资都市农业项目,依法保障投资者权益,运用贷款贴息、贴担保费等政策措施支持大型都市农业龙头企业扩大规模,增加服务项目,拓宽服务领域,延伸都市农业产业链。

在强化供给侧能力方面,要加强基础设施建设、提升都市农业经营管理水平、提升都市农业创新能力、丰富服务项目。一是政府有关部门要加强对基础公共服务设施的建设,修建高等级公路、加强郊区公路建设、开通远郊区公交专线、修建休息服务区等,方便游客深入参加都市农业活动。与此同时,各类都市农业经营主体场所,要逐步完善停车场、移动厕所、休闲娱乐基础设施等,让游客体验更便利、经营者运营效率更高。二是提升都市农业经营管理水平,建立一整套规范的制度体系,包括员工管理、薪酬、培训制度等,做到规范管理,利用现代管理方法开展日常经营活动;提升科技利用水平,积极转化农业科技成果,发挥科技对都市农业的推动作用;建立灵活的激励机制,合理分配管理力量,注重内部资源的协调,确保员工"多劳多得""有付出有回报""多付出多回报"。三是提升都市农业企业的创新能力,有效利用社会、企业资源,加强对创新思维的培养,提升创新水平,并将创新活动付诸实践,将都市农业企业切实变成创新型企业。四是丰富服务项目,以生产性为主的都市农业园,可以通过增加采摘品种、将特种蔬菜与特色餐饮相结合等形式丰富的服务项目;以生活性、体验性为主的都市农业园,可以针对不同年龄阶段的游客设置不同类型的农业体验项目,开发独具特色、风险可控的农事活动;以生态性、观赏性为主的都市农业园,可以考虑组织认养、命名等活动,让市民消费者积极养护都市农业园、保护环境、美化环境,体现这类都市农业的公益性的特点。

在加强市场培育与消费者引导方面,要加强对都市农业的宣传推介、注重对意见领袖的培养和应用、采用灵活的定价策略、加强顾客黏性管理。一是加强宣传推介,加强在都市农业供给方和需求方之间建立完善的信息沟通渠道,适时反馈信息、采用灵活可控、反馈及时的扁平化模式的短渠道推广都市农业项目,缩短供需双方的心理距离,降低消费者的顾虑,从而节约时间成本、提高效率。二是提升顾客满意度,注重对意见领袖的培养和应用,意见领袖能影响和左右他人态度倾向,通过意见领袖影响普通消费者积极参与都市农业活动。三是采用灵活的定价策略,用不同的定价方式对不同消费者加以引导,营造良好的市场氛围,提升都市农业效益。四是加强顾客黏性管理,鼓励全家共同参与都市农业活动,尤其是发挥孩子在家庭决策中的重要作用,通过孩子对家庭决策的影响作用加强顾客黏性,吸引消费者多次参与,促进都市农业的发展。

在营造良好的都市农业发展氛围方面,要不断提升从业人员素质、发挥互联网及新媒体的作用,助力都市农业发展。一是要不断提升从业人员素质,培养复合型人才,利用知识优势增加都市休闲农业的科技含量,定期对休闲农业的相关负责人进行关于经营管理、行业知识、安全卫生知识、基本技能等方面的培训,制定相应的人才培养计划。二是发挥互联网及新媒体的作用,大力推进互联网广告的应用,尤其是利用抖音、快手等新媒体平台开展直播进行广告宣传,还可以利用虚拟社区、论坛、微博、微信、App 等相关的新媒体平台开展营销活动,激发消费者的消费热情,推动都市农业的发展。

第9章 研究结论、研究局限与研究展望

9.1 研究结论

　　都市农业是指以城市周边地区为主,利用农业资源和农业景观,以现代农业技术为支撑,以绿色化、园区化、标准化为主要特点,通过发展农业多种经营、优化生态环境为目标,三大产业融合发展,集农业生产、生活、生态和人文、休闲、美学等多种功能于一体的高效率农业形态。都市农业有5个显著特征,分别是区域限定性、城乡结合性、多产业融合性、功能多元性、发展可持续性。都市农业具有多重功能,分别是生产功能、生活功能、生态功能、文化功能、示范功能。都市农业有多重类型,分别是休闲观光型、特色产业型、生态采摘型、农业体验型、设施农业型。都市农业从实现形式上看,主要有生产性为主的模式、生活性为主的模式、生态性为主的模式和综合性的模式,由于各地的经济发展水平、自然资源条件、消费者认知的不同,都市农业发展的模式也不同。

　　影响都市农业发展的因素有四个方面,即供给侧因素、需求侧因素、政策因素以及影响都市农业发展的其他社会因素。影响都市农业发展的供给侧因素主要有区位与土地、基础设施与资金投入、技术投入和能力与意愿;影响都市农业发展的需求侧因素主要有市场规模、消费者对都市农业的认知、消费者的支付能力和消费者的体验与感知质量;影响都市农业发展的政策因素主要有政府对都市农业的规划设计、扶持与补贴政策、税收优惠政策等;影响都市农业发展的其他因素主要有都市农业的社会文化氛围、配套设施和服务、都市农业专业人才的培养与储备等。研究表明,从四个二级指标影响因素排序来看,需求侧因素对都市农业的发展影响最大,供给侧因素对总目标的影响次之,政府政策因素和其他因素也有一定影响。从三级指标对总目标的影响权重总排序结果来看,影响都市农业发展的两个最大的影响因子是市场规模和消费者的认知,都市农业企业的供给能力与意愿、消费者

体验与感知质量和都市农业企业的技术投入也有较大影响。

都市农业发展中存在一些问题亟待解决。一是供给侧问题,主要表现为生产经营和管理技术落后,融资渠道狭窄,获利能力不足,基础设施落后,特色不足,经营方式单一,服务能力不高等;二是需求侧问题,主要表现为市场规模不足,都市农业的整体产值不高,消费者在都市农业活动场所的停留时间较短、参与都市农业活动次数较少,消费者期望过高,消费者对都市农业的价格认知偏差。三是政府引导与监督管理的问题,主要表现为基础设施建设滞后,道路交通、卫生状况、餐饮和住宿条件等还有很大提升空间,针对性的扶持措施较少,政府部门规划引导不足。四是其他影响都市农业发展的问题,主要包括市民消费者对都市农业的热情不足,宣传力度小,人才培养滞后。

都市农业发展的措施,可以从建立健全都市农业发展政策体系、强化供给侧能力、加强市场培育与消费者引导、营造良好的都市农业发展氛围四个方面寻求对策。

在建立健全都市农业发展政策体系方面,要加强对都市农业布局的规划设计、提升都市农业经营主体的补贴水平、进一步拓宽都市农业融资渠道。一是加强对都市农业布局的规划设计,根据地域特点和资源类型,进行精准定位,科学合理地开发具有特色的都市农业项目,注重都市农业的核心功能、注意确定都市农业的目的和发展方向,根据发展定位进行拓展,建立特色鲜明、规模适当、集群发展的特色都市农业。二是提升都市农业经营主体的补贴水平,因为农业具有弱质性、多功能性的特点,都市农业投入成本高、收益周期长、生产风险大,政府出台支持农业发展的政策,创建有利于现代农业发展的政策环境,政府部门从补贴政策着手鼓励都市农业,促进都市农业的良性发展。三是拓宽融资渠道,引导社会闲散资金投资都市农业项目,依法保障投资者权益,运用贷款贴息、贴担保费等政策措施,支持大型都市农业龙头企业扩大规模,增加服务项目,拓宽服务领域,延伸都市农业产业链。

在强化供给侧能力方面,要加强基础设施建设、提升都市农业经营管理水平、提升都市农业创新能力、丰富服务项目。一是政府有关部门要加强基础公共服务设施建设,修建高等级公路、加强郊区公路建设、开通远郊区公交专线、修建休息服务区等,方便游客深入参加都市农业活动。二是提升都市农业经营管理水平,建立一整套规范的制度体系,包括员工管理、薪酬、培训制度等,做到规范管理,利用现代管理方法开展日常经营活动。三是提升都市农业企业的创新能力,有效利用社会、企业资源,加强对创新思维的培养,提升创新水平,并将创新活动付诸实践,将都市农业企业切实变成创新型企业。四是丰富服务项目,以生产性为主的都市农业园,可以通过增加采摘品种、将特种蔬菜与特色餐饮相结合等形式丰富的服务项目;以生活性、体验性为主的都市农业园,可以针对不同年龄阶段的游客设置不同类型的农业体验项目,开发独具特色、风险可控的农事活动;以生态性、观赏性为主的都市农业园,可以考虑组织认养、命名等活动,让市民消费者积极养护都市农业园、保护环境、美化环境,体现这类都市农业的公益性的特点。

在加强市场培育与消费者引导方面,要加强对都市农业的宣传推介、注重意见领袖的培养和应用、采用灵活的定价策略、加强顾客黏性管理。一是加强宣传推介,加强在都市农业供给方和需求方之间建立完善的信息沟通渠道,适时反馈信息、采用灵活可控、反馈及时的扁平化模式的短渠道推广都市农业项目,缩短供需双方的心理距离,降低消费者的顾虑,从而节约时间成本、提高效率。二是提高顾客满意度,注重对意见领袖的培养和应用,意见领袖能影响和左右他人态度倾向,通过意见领袖影响普通消费者积极参与都市农业活动。三是采用灵活的定价策略,用不同的定价方式对不同消费者加以引导,营造良好的市场氛围,提升都市农业效益。四是加强顾客黏性管理,鼓励全家共同参与都市农业活动,尤其是发挥孩子在家庭决策中的重要作用,通过孩子对家庭决策的影响作用加强顾客黏性,吸引消费者多次参与,促进都市农业的发展。

在营造良好的都市农业发展氛围方面,要不断提升从业人员素质、发挥互联网及新媒体的作用,助力都市农业发展。一是要不断提升从业人员素质,培养复合型人才,利用知识优势增加都市休闲农业的科技含量,定期对休闲农业的相关负责人进行关于经营管理、行业知识、安全卫生知识、基本技能等方面的培训,制定相应的人才培养计划。二是发挥互联网及新媒体的作用,大力推进互联网广告的应用,利用新媒体平台开展直播进行广告宣传、开展营销活动,激发消费者的消费热情,推动都市农业的发展。

9.2　研究的局限

本研究对都市农业的发展进行了一些探索和研究,虽然通过访谈和调研探寻了一些都市农业发展的规律、机理,取得了一定的研究成果,但是受到研究者理论知识、研究水平和能力、研究条件与研究时间的限制,本书难免存在一些不足和局限。

(1)样本的局限

由于研究时间、人力、财力等方面的原因,本书研究的样本量有些不足,且仅通过网络调研的形式对市民消费者进行了调研,这对本研究的数据分析、相关内容的应用价值可能会产生一定的影响。今后的研究应扩大研究的样本量,同时应该有广泛的地域分布,使数据客观真实,有更好的代表性,使得研究结果更具有参考价值。

(2)时间的局限

从研究思路设计到最后形成本著作,仅仅只有半年左右的时间,从文献的梳理、分析到访谈提纲的设计、问卷的开发,再到实际开展访谈和调研,均显得较为仓促。研究中使用的访谈提纲、问卷、测量项目等,由于时间的局限不能很好地完善,在一定程度上影响了本著作的研究深度和学术水平。

(3)应用范畴的局限

本研究重点讨论了都市农业的发展影响因素,通过构建研究模型确定各个因素的影响权重,通过访谈和调研分析了当前都市农业发展存在的问题,并按从宏观到微观、从整体到局部、从核心到外围的逻辑顺序提出都市农业发展对策和建议。但是由于样本代表性的局限,多是讨论传统的生产消费情况,在网络尤其是移动互联网普及的大背景下,都市农业是否会突破当前的生产模式,本研究的成果是否能运用到"互联网＋都市农业"尚不可知,这也是未来研究的方向和重点。

9.3 研究展望

(1)都市农业跨区域协同发展问题。近年来,随着信息技术、物流技术的发展,学者的目光不再集中于对单一城市的都市农业发展研究上,而是转向对多城市、跨区域都市农业协同发展的研究,都市农业的多功能性和复合性功能如何在跨区域空间里做得更好,需要进一步探讨。

(2)无土栽培等新技术应用问题。水培蔬菜、无土栽培等都市农业技术,采用设施农业和立体栽培方式,兼具生产、观光、科研、绿化等功能,是非常先进的都市农业生产模式,但无土栽培并非没有任何缺陷,循环技术、废水排放、低耗技术等仍有待克服。

(3)"互联网＋都市农业"发展问题。随着信息技术和物流技术的发展,"互联网＋都市农业"突破了传统都市农业的区域限制,依托数据库、网络、物流、支付平台以及农产品交易平台,与时俱进地搭建特色显著的"互联网＋都市农业"服务平台,通过多种形式的网络推广和新媒体销售方法,可以大大扩展都市农业的市场范围,"互联网＋都市农业"模式的是都市农业发展新模式,也是未来农业发展的方向。

附录1 层次分析专家评分表

尊敬的专家：

此矩阵打分表根据层次分析法（AHP）的形式设计，目的在于确定各影响因素之间的相对权重，对影响因素的重要性进行两两比较。衡量尺度划分为 5 个等级，分别是绝对重要、十分重要、比较重要、稍微重要、同样重要，分别对应 5、4、3、2、1 的数值。根据您的看法，在对应方格中打"√"即可。谢谢您的合作！

下列各组比较要素，对于"都市农业发展"的相对重要性如何？

A	评价尺度									B
	5	4	3	2	1	2	3	4	5	
供给侧因素										需求侧因素
供给侧因素										政策因素
供给侧因素										其他社会因素
需求侧因素										政策因素
需求侧因素										其他社会因素
政策因素										其他社会因素

下列各组比较要素，对于"供给侧因素"的相对重要性如何？

A	评价尺度									B
	5	4	3	2	1	2	3	4	5	
区位与土地										基础设施与资金投入
区位与土地										技术水平
区位与土地										能力与意愿
基础设施与资金投入										技术水平
基础设施与资金投入										能力与意愿
技术水平										能力与意愿

下列各组比较要素,对于"需求侧因素"的相对重要性如何?

A	评价尺度									B
	5	4	3	2	1	2	3	4	5	
市场规模										消费者的认知
市场规模										消费者的支付能力
市场规模										消费者体验与感知质量
消费者的认知										消费者的支付能力
消费者的认知										消费者体验与感知质量
消费者的支付能力										消费者体验与感知质量

下列各组比较要素,对于"政策因素"的相对重要性如何?

A	评价尺度									B
	5	4	3	2	1	2	3	4	5	
都市农业的布局规划设计										扶持与补贴政策
都市农业的布局规划设计										税收优惠政策
扶持与补贴政策										税收优惠政策

下列各组比较要素,对于"其他社会因素"的相对重要性如何?

A	评价尺度									B
	5	4	3	2	1	2	3	4	5	
社会文化氛围										配套设施与服务
社会文化氛围										人才培养与储备
配套设施与服务										人才培养与储备

附录 2　都市农业访谈提纲(供给侧)

　　*都市农业是以城市周边地区为主,利用农业资源和农业景观,以现代农业技术为支撑,以绿色化、园区化、标准化为主要标志,通过发展农业多种经营、优化生态环境为目标,三大产业融合发展,集农业生产、生活、生态和人文等多种功能结合于一体的高效率农业形态。一般包括果蔬采摘型、休闲观光型、特色产业型、有机生态型、农业体验型和垂直农业型。

　　访谈人:　　　　　　　　　　　被访谈人:

　　访谈时间:　　　　　　　　　　访谈方式:

　　被访谈人主要从事的都市农业项目类型:

　　□果蔬采摘型(草莓、苹果、蔬菜……)

　　□休闲观光型(乡村旅游\农家乐)

　　□特色产业型(独特的优势,有吸引跨区域游客的能力)

　　□有机生态型(蔬菜定制配送,定位高端)

　　□农业体验型(规划小型的城市菜园,租种给市民)

　　□垂直农业型(城市立体农业)

　　被访谈人地址及与中心城市的距离:＿＿＿＿＿＿公里

　　1.请您简要介绍您的基本情况(投资额、员工数、品类、面积、产量、生产特点等情况)。

　　2.需要的资金、场地、设备设施、人员及其他投入情况。

　　3.近三年销售额与收益情况?

　　4.您是如何看待都市农业的?(为什么从事都市农业)

　　5.你所从事的都市农业的特点。(季节性、定位人群、客户和消费者情况……)

　　6.你认为,当前都市农业遇到的最主要问题是什么?(资金、技术、知识、人才、自然条件限制、市场竞争、消费者、运输、产品质量……)

　　7.您一般都如何推广你的项目?

　　8.请您谈谈您在都市农业市场推广(销售)遇到了哪些问题?如何解决的?

　　9.您认为政府应该采取哪些措施调动都市农业供给侧的积极性?

10. 您认为制约都市农业生产的主要因素是什么？（是第6个问题的延伸，实质是想让被访者多谈问题，比如资金短缺融资难、土地流转、人才素质、政策、道路与基本建设、专用设备设施、运输条件、市场价格情况……）如何破局？

11. 请您谈谈如何吸引更多的市民消费者？你是怎么做的？

12. 请您谈谈都市农业的发展趋势。

13. 请您谈谈都市农业发展的保障措施。

14. 您还有哪些意见和建议。

15. 其他问题。

访谈时长：

备注：

附录3　都市农业调研问卷(市民消费者)

尊敬的先生/女士:

　　您好! 我是黑龙江八一农垦大学经济管理学院教师,感谢您在百忙之中接受问卷调查。本问卷调查的目的是研究都市农业的现状及其未来发展前景。您的回答没有对错之分,请根据实际情况和您的感知填写。我承诺,您的问卷答案将完全以匿名的形式进行统计,本次调查结果仅供学术研究使用,不会对您造成任何威胁或负面影响。祝您身体健康、工作顺利!

黑龙江八一农垦大学经济管理学院

电话:0459 - 6819258

　　*都市农业是以城市周边地区为主,利用农业资源和农业景观,以现代农业技术为支撑,以绿色化、园区化、标准化为主要标志,通过发展农业多种经营、优化生态环境为目标,三大产业融合发展,集农业生产、生活、生态和人文等多种功能结合于一体的高效率农业形态,一般包括果蔬采摘型、休闲观光型、特色产业型、有机生态型、农业体验型和垂直农业型。近一年来,您是否参加过果蔬采摘、参与过乡村休闲观光旅游活动、体验过农家乐等都市农业项目? 如是,请继续回答;否则,请终止回答。

　　请在最适合的答案上打√,或在_____上填写相关信息。

　　1. 您的年龄:

　　①17 岁及以下

　　②18~24 岁

　　③25~30 岁

　　④31~40 岁

　　⑤41~50 岁

　　⑥51 岁及以上

　　2. 您的性别:

①男

②女

3.您的家庭成员状况：

①单身

②二人世界

③三口之家

④四人及以上

4.您参与都市农业活动的城市：_____

5.您的最高学历：

①初中及以下

②高中(中专)

③大学

④研究生及以上

6.您的职业：

①公务员\事业单位职员

②自由职业者

③企业职员

④企业高级管理人员

⑤个体经营者

⑥普通工人

⑦学生

⑧其他_____

7.您的家庭月收入大约是：

①≤3 000元

②>3 000元且≤4 500元

③>4 500元且≤6 000元

④>6 000元且≤10 000元

⑤>10 000元

8.您在过去一年里参与过以下哪类活动？（多选）

①果蔬采摘

②到农业园休闲旅游,观赏(动植物)

③向农民租地,自己(及家人、朋友)亲自种菜、采摘、耕种等

④向农民租地同时聘请农民以有机耕作方式种菜

⑤特色果蔬品尝、农家菜品尝、餐饮体验

⑥购买一些土特菜品,请农民老乡帮忙加工、制作

⑦垂钓、狩猎等休闲活动

⑧民俗欣赏(民俗展览、手工制作、民俗表演等)

⑨素质拓展训练

⑩科普教育活动

⑪其他_____

9. 过去一年,您参与过(　　　)次都市农业活动?

①1 次

②2 次

③3 次

④4 次以上

10. 您一般停留时间为?

①低于半天

②半天

③一天

④一天一夜及以上

11. 您是获得相关信息的?（多选）

①电视、广播、报纸、宣传册等传统广告传媒

②互联网网站

③亲友推荐

④旅行社

⑤旅游类 App

⑥抖音、快手等社交类新媒体平台

⑦其他_____

12. 您使用的交通工具是?

①旅行社统一组织(大巴车)

②私家车

③公交车

④出租车

⑤自行车

⑥步行

⑦其他_____

13.您认为都市农业的好处有哪些？（多选）

①放松心情,与家人一起享受,精神疗养

②与他人交流,促进社交联系

③对乡下生活的体验

④通过从事农业生产加强锻炼,促进身体健康

⑤亲近自然

⑥解决食品安全问题,提升食品质量

⑦对环境有益

⑧观赏审美

⑨其他_____

14.您觉得当前都市农业发展存在的主要问题是有哪些？（多选）

①交通不够便利

②基础设施不完善

③景观效果不理想

④娱乐活动缺乏趣味性

⑤采摘品种少,缺少多样性

⑥消费性价比低,总体消费不合理

⑦卫生状况难以让人满意

⑧安全得不到保障

⑨服务水平不高、服务不到位

⑩其他_____

15.从功能上看,您希望开发(　　　　)类型的都市农业？（多选）

①生产型(采摘)

②务农型(农事体验)

③品尝型（农家菜等）

④度假型（农业休闲）

⑤娱乐型（垂钓、狩猎）

⑥购物型（购买土特农产品）

⑦健康疗养型

⑧观赏型（花卉、异域果蔬、奇花异草）

⑨绿化型

⑩花园型

⑪其他_____

16.总体看来,您对都市农业满意度如何?

①非常满意

②满意

③一般

④不满意

⑤非常不满意

请您根据自己的判断,对下面的情形打分。回答时采用5分制,分数越高表示同意程度越高,分数越低表示同意程度越低。即"1"表示完全不同意,"2"表示不同意,"3"表示持中立态度(既不同意也不反对),"4"表示同意,"5"表示完全同意。请在符合您看法的等级上打"√"。		非常不同意	不同意	基本同意	同意	非常同意
17	想看到更多的都市农业发展的机会	1	2	3	4	5
18	都市农业是朝阳产业	1	2	3	4	5
19	应该开展更多的都市农业活动	1	2	3	4	5
20	都市农业能够对成人和孩子起到教育的作用	1	2	3	4	5
21	和家人一起参与都市农业活动,家庭氛围更融洽了	1	2	3	4	5
22	和孩子一起参与都市农业活动,亲子关系更好了	1	2	3	4	5
23	愿意向他(她)人推荐,鼓励他(她)参加都市农业活动	1	2	3	4	5
24	未来会继续参与各种类型的都市农业活动	1	2	3	4	5

25. 您对都市农业还有哪些意见或建议？

_____

_____

_____

_____

_____

如果方便,请留下您的联系电话_____

问卷到此结束,再次感谢您的支持!

以下由调研人员填写(线下调研):

调研时间:2021 年____月____日

调研人:_____

调研用时:_____分钟

调研地址:_____省_____市_____县(区)

备注:

参考文献

Azunre G A, et al, 2019. A review of the role of urban agriculture in the sustainable city discourse[J]. Cities, 93(2019):104 – 119.

Maurer M,2020. Chickens, weeds, and the production of green middle – class identity through urban agriculture in deindustrial Michigan, USA[J]. Agriculture and Human Values,(10):1 – 13.

Panagopoulos T , et al, 2018. Urban green infrastructure：The role of urban agriculture in city resilience[J]. Urbanism. Architecture. Constructions, 9(1):55 – 70.

Philip Kotle, et al,2017. Principles of Marketing：An Asian Perspective ［M］, 4th Edition. Pearson Education, Inc.

Rosanne Wielemaker, et al, Harvest to harvest：Recovering nutrients with New Sanitation systems for reuse in Urban Agriculture[J]. Resources, Conservation and Recycling, 128:426 – 437.

Theresa N M, et al. ,2018. The role of urban agriculture in a secure, healthy, and sustainable food system[J]. BioScience, (1):748 – 759.

曹林奎,2019. 都市生态农业的特征与发展模式[J].上海农村经济(03):36 – 38.

曹正伟,等,2019a. 都市农业生态可持续发展评价体系研究[J]. 上海交通大学学报(农业科学版),37(01):19 – 24 +30.

曹正伟,等,2019b. 都市现代农业助推乡村振兴战略[J].农学学报,9(04):18 – 21.

晁玉方,等,2016. 中国城乡一体化研究综述[J]. 河海大学学报(哲学社会科学版),18(01):71 – 76 +92.

陈荟茜,2017. 广州市南沙区现代都市农业发展研究[D].成都:西南交通大学.

陈芮婕,等,2020. 武汉市农业标准体系解析[J].中国标准化(12):194 – 198.

陈芮宇,2019. 都市型现代农业发展研究[D].成都:四川农业大学.

陈媛,2020. 基于5T 理论的口碑营销研究——以任天堂品牌为例[J].传播力研究,4(20):125 – 126.

陈智敏,2017. 广州都市型现代农业补贴政策研究[D].广州:仲恺农业工程学院.

程淑芬,2017. 天津市西青区都市型农业发展的探讨[J]. 天津农林科技(04):24 – 25 + 31.

崔宁波,等,2018. 国外都市农业产业体系发展模式比较及借鉴[J]. 世界农业(08):16 – 21.

崔莹,等,2017. 都市农业发展战略研究——以沈阳市为例[J]. 农业经济(11):22 – 23.

邓黎,2018. 中国与韩国都市农业可持续发展水平动态变化研究[J]. 世界农业(12):193 – 199.

董启锦,2019. 青岛市小农户融入都市现代农业发展的现状、问题与对策研究[J]. 青岛职业技术学院学报,32(04):1 – 5.

窦同宇,等,2017. 人地关系视角下的农业现代化内涵及特征研究[J]. 哈尔滨职业技术学院学报(02):109 – 112.

方晓红,2021. 加快发展都市农业探析[J]. 农村经济与科技,32(01):1 – 2.

方圆,2020. 都市休闲农业盈利模式研究[D]. 武汉:华中师范大学.

冯发贵,等,2017. 产业政策实施过程中财政补贴与税收优惠的作用与效果[J]. 税务研究(05):51 – 58.

符国群,2021. 消费者行为学(第四版)[M]. 北京:高等教育出版社.

弓萍,2020. 基于消费者粘性的休闲农业旅游发展探析[J]. 北方经贸(03):144 – 145.

郭晓鸣,2020. 成都都市现代农业转型升级应当如何突破? [J]. 乡村振兴(08):90 – 92.

韩世钧,2019. 新时代济南市都市农业发展研究[D]. 舟山:浙江海洋大学.

韩英,2018. 都市生态农业发展路径研究[J]. 乡村科技(02):22 – 24.

郝汉,等,2020. 基于乡村振兴战略下都市农业土地利用问题及对策研究[J]. 中国农业资源与区划,41(09):80 – 84.

郝文艺,等,2015. 移动互联网对企业营销的影响[J]. 中国市场(29):48 – 51.

郝文艺,等,2020. 市场营销学[M]. 北京:高等教育出版社.

郝文艺,2019. 基于脉冲波动性客流平抑理念的森林旅游营销策略[J]. 中国林业经济(6):83 – 86.

郝文艺,等,2019. 普通本科院校市场营销专业人才培养中的问题与对策探究[J]. 新财经(8):162 – 165.

侯倩,2015. 现代都市农业发展研究[D]. 太原:山西大学.

黄慧德,2017. 休闲农业发展探讨[J]. 世界热带农业信息(07):23 – 34.

蒋和平,等,2015. 北京都市型现代农业发展水平的评价研究[J]. 农业现代化研究,36(03):327－332.

焦丽娟,等,2015. 基于 C－D 生产函数的都市现代农业影响因素研究——以合肥市为例[J]. 黑龙江八一农垦大学学报,30(06):97－101.

金琰,等,2017. 大都市区域农业空间布局规划的影响因素研究——以郑州市为例[J]. 安徽农业科学,45(24):231－235.

李成,等,2018. 田园综合体景观要素与模式分析[J]. 安徽农业科学,46(23):82－85.

李克强,等,2021. 永年区都市农业发展之浅析[J]. 农业开发与装备(02):37－38.

林树坦,2018. 福州市都市型现代农业的发展评价研究[D]. 福州:福建农林大学.

刘德娟,等,2015. 日本都市农业的发展现状及多功能性[J]. 世界农业(04):155－160＋204.

刘君,2018. 分享经济融入都市生态农业发展:实践探索与基本遵循[J]. 江淮论坛(02):23－27.

刘耀林,等,2018. 特大城市"三线冲突"空间格局及影响因素[J]. 地理科学进展,37(12):1672－1681.

刘玉博,2020. 加速中国都市农业发展路径探索[J]. 农村经济与科技,31(21):24－26.

刘志成,等,2013. 通道费对零售商和供应商的影响及衍生推论——基于"本－量－利"模型的分析[J]. 生产力研究(06):15－18.

刘志颐,2019. 农业"走出去"企业融资难、融资贵问题分析[J]. 世界农业(12):78－83.

陆开形,2020. 基于都市农业发展的校企合作新模式探索——以宁波大学科学技术学院与慈溪新田地农业公司合作为例[J]. 宁波教育学院学报,22(06):8－11.

罗敏娜,2020. 城市规划设计中的设计原则及其策略探析[J]. 居舍(32):104－105＋99.

马建宁,2020. 企业转型发展过程中税收政策的作用分析[J]. 纳税,14(34):22－23.

马涛,等,2015. 中国城郊农业发展模式评析[J]. 城市问题(09):44－48＋67.

马文涵,等,2016. 以"三线"约束支撑城市空间优化:武汉市"三线"划定的实践及思考[J]. 中国土地(6):31－33.

毛联瑞,2020. 关于都市农业与观光农业的协同发展研究[J]. 山西农经(16):36－37.

毛联瑞,2020.现代都市农业发展路径优化探究[J].南方农业,14(21):97-98.

孟召娣,等,2019.城乡要素合理配置带动都市农业发展模式研究[J].农业现代化研究,40(01):18-25.

聂健赟,2020.上海屋顶农场经营策略探究[J].上海商业(09):11-15.

皮婧文,等,2020.基于LDA模型的大兴区都市农业发展方向研究[J].农业科研经济管理(04):43-47.

祁素萍,2015.现代都市农业发展的思考[J].群言(10):7-9.

谯薇,等,2017.我国都市农业发展困境及对策思考[J].农村经济(03):61-65.

邱国梁,等,2019.中国都市农业发展探析[J].湖北农业科学,58(20):185-189.

商建维,2018.都市休闲农业高质量发展实现路径与前景展望[J].农业展望,14(05):46-49.

上海市农村经济学会课题组,等,2017.上海加快发展"四新"农业面临问题与对策研究[J].上海农村经济(07):10-14.

尚辉,等,2017.观赏蔬菜在都市农业中的发展应用[J].现代农业科技(01):127-128+130.

史晓倩,等,2017.浅谈都市农业的教育性意义[J].中国市场(13):45+47.

宋备舟,等,2019.都市型现代农业园艺人才培养模式的改革与实践——以北京农学院为例[J].教育教学论坛(40):166-168.

宋艺,等,2020.基于乡村振兴战略的都市现代农业发展现状及对策研究——以成都市为例[J].现代农业(12):4-5.

孙艺冰,等,2014.国外的都市农业发展历程研究[J].天津大学学报(社会科学版),16(06):527-532.

唐娅娇,2019.都市农业推进长株潭城市群新型城镇化建设的路径分析[J].全国流通经济(33):126-127.

佟宇竞,2020.广州都市农业发展特色、影响因素与实现路径研究[J].农业经济(03):21-22.

王常伟,等,2017.提升上海都市农业效益的若干思考[J].上海农村经济(03):4-9.

王京波,2020.设施农业发展与对策分析[J].农业开发与装备(07):20+26.

王珊,2020.都市休闲农业产业竞争力研究——以河南郑州为例[J].农村经济与科技,31(21):82-84.

王怡婉,等,2018.都市休闲农业规划设计研究进展[J].南方农业,12(33):108-109.

翁鸣,2017.都市型农业:我国大城市郊区农业发展新趋势[J].民主与科学(05):
　40－43.

吴晓燕,等,2020.提升科技服务能力　促进现代农业发展——黄陂区以科技支撑
　发展现代都市农业的实践与探索[J].湖北农机化(03):17－18.

吴延生,2019.媒体发力营造氛围　社会重视打造亮点——水城淮安发展旅游文化
　产业的再思考[J].大众文艺(19):181－182.

夏耀西,2017.都市农业发展如何进入快车道？[J].农经(10):22－27.

谢高地,等,2013.农田生态系统服务及其价值的研究进展[J].中国生态农业学
　报,21(6):645－651.

谢艳乐,等,2020.都市农业发展与资源环境承载力协调性研究[J].世界农业
　(10):4－12＋62＋135.

许爱萍,2015.现代都市农业发展需求视域下的职业农民培育路径[J].农业科技管
　理,34(04):59－62.

薛艳杰,2020.上海都市农业发展"十三五"回顾与"十四五"思考[J].上海农村经
　济(12):13－17.

闫锦源,等,2020.西藏昌都市城郊设施农业发展现状、存在问题及对策分析[J].
　西藏农业科技,42(03):61－64.

杨威,等,2019.都市农业优化发展模式研究[J].吉林农业(18):26.

尧珏,等,2020.都市农业新产业和新业态的发展模式研究——以青岛市为例[J].
　农业现代化研究,41(01):55－63.

于丽娟,等,2019.全渠道零售模式下消费者体验影响因素重要性比较[J].沈阳工
　业大学学报(社会科学版),12(01):59－66.

于学文,等,2016.都市绿色菜园的发展探析[J].中国商论(27):128－129.

张春茂,2018.惠州市都市农业发展现状与对策研究[D].广州:华南农业大学.

张静怡,等,2020.现代都市农业发展水平评价研究[J].中国农学通报,36(26):
　159－164.

张霞,2020.北京市延庆区都市型现代农业发展路径研究[J].科技和产业,20
　(12):85－89.

张晓慧,等,2016.服务都市农业的高等农业院校教学管理机制创新[J].高等农业
　教育(04):29－32.

张艳丽,等,2016.森林疗养对人类健康影响的研究进展[J].河北林业科技(03):

86 – 90.

张翼翔,等,2019. 长沙市雨敞坪镇都市农业发展现状及对策建议[J]. 安徽农学通报,25(08):5 – 6 + 43.

张颖,2017. 森林旅游业发展融入国家森林城市建设研究——以江西省吉安市为例[J]. 林业经济问题,37(3):41 – 45.

张永强,等,2019. 都市农业驱动城乡融合发展的国际镜鉴与启示[J]. 农林经济管理学报,18(06):760 – 767.

中国现代都市农业竞争力研究课题组,等,2019. 中国现代都市农业竞争力综合指数(2018)[J]. 上海农村经济(06):4 – 10.

周灿芳,2020. 城乡融合背景下粤港澳大湾区都市农业发展研究[J]. 广东农业科学,47(12):175 – 182.

周克艳,等,2018. 都市郊区现代农业发展路径研究——以湘潭市雨湖区为例[J]. 湖南农业科学(03):91 – 94.

周晓旭,等,2020. 河北省都市农业发展水平评价[J]. 北方园艺(21):151 – 157.

朱海波,等,2017. 众筹模式引入与都市食品质量安全问题的解决路径探讨——以北京市为例[J]. 中国食物与营养,23(03):19 – 23.

朱利,等,2021. 中国都市农业发展制约研究综述与展望[J]. 农业展望,17(01):67 – 71.

朱苗绘,等,2020. "三生"视角下南京都市农业发展水平综合评价[J]. 农村经济与科技,31(19):207 – 209.

朱鹏,等,2020. 基于高质量发展的天津都市农业产业体系研究[J]. 天津经济(12):21 – 28.

致　谢

本研究得到了黑龙江八一农垦大学 2017 年度"校内培育课题资助计划"（XRW2017 - 01）、黑龙江八一农垦大学 2018 年度"三纵"科研支持计划（TDJH201811）和 2021 年度大庆市哲学社会科学规划研究项目（DSGB2021042）的支持，特此鸣谢。

感谢黑龙江八一农垦大学经济管理学院韩光鹤副教授、弓萍老师及黑龙江八一农垦大学新农村发展研究院杨学丽老师对课题研究给予的诸多建设性意见，感谢赵波老师在研究方法上给予的帮助和指导。

感谢诸位在读本科生在访谈、调查、数据录入等工作上的帮助，他们是金泽瑞（2018 级市场营销专业）、祝殿昆（2018 级市场营销专业）、朱思洁（2018 级市场营销专业）、周慧（2018 级人力资源管理专业）、叶童（2018 级人力资源管理专业）、暴馨瞳（2018 级人力资源管理专业）、祝素春（2018 级人力资源管理专业）、李方圆（2018 级人力资源管理专业）、王思璇（2018 级人力资源管理专业）。李佳颖（2018 级人力资源管理专业）、张锦华（2018 级人力资源管理专业）和肖佳欣（2019 级市场营销专业）帮助协调访谈和调研，一并表示感谢！

感谢各位专家、各位都市农业经营者接受访谈，感谢广大市民消费者积极参与问卷调研。对你们的支持表示感谢！

此外，在报告写作过程中，研究者参阅了大量的国内外文献资料，其中的许多真知灼见对本著作的撰写提供了很大的帮助，启发了写作思路。在此向这些作者表示衷心感谢！

再次致谢！